Rheinisch-Westfälische Akademie der Wissenschaften

Natur-, Ingenieur- und Wirtschaftswissenschaften   Vorträge · N 267

Herausgegeben von der
Rheinisch-Westfälischen Akademie der Wissenschaften

HANS BRAND

Möglichkeiten und Grenzen einer technischen Nutzung
der Sonnenenergie

KARL-FRIEDRICH KNOCHE

Thermochemische Wasserzersetzungsprozesse

Springer Fachmedien Wiesbaden GmbH

246. Sitzung am 3. November 1976 in Düsseldorf

© 1977 by Springer Fachmedien Wiesbaden
Ursprünglich erschienen bei Westdeutscher Verlag GmbH Opladen 1977
ISBN 978-3-531-08267-7   ISBN 978-3-322-85973-0 (eBook)
DOI 10.1007/978-3-322-85973-0

Inhalt

Hans Brand, Erlangen

Möglichkeiten und Grenzen einer technischen Nutzung der Sonnenenergie 7
Literatur 21

Diskussionsbeiträge
    Professor Dr. phil. nat. habil. *Hermann Flohn;* Professor Dr.-Ing. *Hans Brand;* Professor Dr. rer. pol. *Hans K. Schneider;* Professor Dr.-Ing. *August Wilhelm Quick;* Professor Dr. agr. *Hermann Kick;* Professor Dr. rer. nat. *Hans-Jürgen Engell;* Professor Dr. sc. techn. *Alfred Fettweis; Hans Ulrich Freiherr von Wangenheim;* Professor Dr. phil. *Joseph Straub* 23

Karl-Friedrich Knoche, Aachen

Thermochemische Wasserzersetzungsprozesse 31
Literatur 45

Diskussionsbeiträge
    Professor Dr.-Ing. Dr. h. c. *Helmut Winterhager;* Professor Dr.-Ing. *Karl-Friedrich Knoche;* Professor Dr. rer. nat. *Hans-Jürgen Engell;* Professor Dr. rer. pol. *Hans K. Schneider;* Professor Dr. sc. techn. *Alfred Fettweis;* Professor Dr. rer. pol. Dres. h. c. *Wilhelm Krelle;* Professor Dr.-Ing. *August Wilhelm Quick;* Professor Dr.-Ing. *Friedrich Eichhorn;* Professor Dr. rer. nat. *Wilhelm Groth†* 47

Möglichkeiten und Grenzen einer technischen Nutzung der Sonnenenergie

Von *Hans Brand*, Erlangen

1. Einführung

In den letzten beiden Jahrzehnten hatte sich in dem öffentlichen Bewußtsein unserer Industrienationen bekanntermaßen eine Konsummentalität entwickelt, die weitgehend durch eine unreflektierte Sorglosigkeit gegenüber unseren natürlichen Ressourcen gekennzeichnet war. Erst die Liefereinschränkungen und nachfolgenden Kostensteigerungen bei flüssigen fossilen Brennstoffen um die Jahreswende 1973/74 haben hier eine Wende bewirkt und auch bei einer breiteren Öffentlichkeit das Interesse für die Probleme einer gesicherten Energieversorgung der Zukunft geweckt. In der Fachwelt allerdings wurden langfristige Prognosen des Energiebedarfs und die Möglichkeiten einer Angebotsrealisierung an Energie schon seit vielen Jahren diskutiert.

M. K. Hubbert z. B. hatte schon 1962 in einer Studie[1] die Verfügbarkeit an fossiler Energie abgeschätzt und dabei unter der Annahme, daß die Ausbeute der Quellen mit der gleichen Steigerungsrate wie bisher vorgenommen würde, eine Erschöpfung der Quellen zu Beginn des nächsten Jahrtausends prognostiziert.

Wie unsicher auch immer der Zeitraum bei solchen Schätzungen sein mag, sicher ist zweifellos die Begrenztheit der Vorräte sowohl an fossilen Brennstoffen wie auch an spaltbarem Kernmaterial. Unter diesem Aspekt – inclusive der damit verkoppelten wirtschaftspolitischen und ökologischen Problemstellungen – sowie angesichts der noch nicht sicher zu beurteilenden Entwicklungen einer Energiebedarfsdeckung durch schnelle Brüter oder Fusionsreaktoren wird von vielen Stellen nach langfristigen Alternativen gesucht und dabei unter anderem auch eine technische Nutzung der Sonnenenergie diskutiert[2,3,4]. Die Möglichkeiten und Grenzen dieser Nutzung sollen nachfolgend, sicherlich nicht erschöpfend, betrachtet werden.

2. Eigenschaften und Nutzungsbedingungen der Sonnenstrahlung in Erdnähe

Die Randbedingungen einer Nutzung sind durch die physikalischen Eigenschaften festgelegt: Sie betreffen die Energieform und die geoheliophysikalische Konfiguration im Raum. Unser Hausstern Sonne stellt, technisch gesehen, einen nahezu idealen Fusionsreaktor dar: pro Sekunde werden etwa 657 Millionen Tonnen Wasserstoff in 653 Millionen Tonnen Helium umgewandelt; die Differenz von 4 Millionen Tonnen Materie pro Sekunde wird dabei als Energie in den Weltraum abgegeben – etwa $3 \cdot 10^{26}$ Watt – in einer Form, die sich im wesentlichen als elektromagnetische Strahlung eines thermischen Strahlers mit etwa 6000 Kelvin Oberflächentemperatur beschreiben läßt. In einer mittleren Entfernung von 150 Millionen km (Sonne–Erde-Abstand) steht damit im Bereich des Planeten Erde eine spektral integrierte Strahlungsleistungsdichte von 1,35 kW/m² zur Verfügung*, die sich gemäß Abb. 1 vom Ultravioletten (UV) bis zum Infraroten (IR) erstreckt, mit einem Maximum im grünen Spektralbereich.

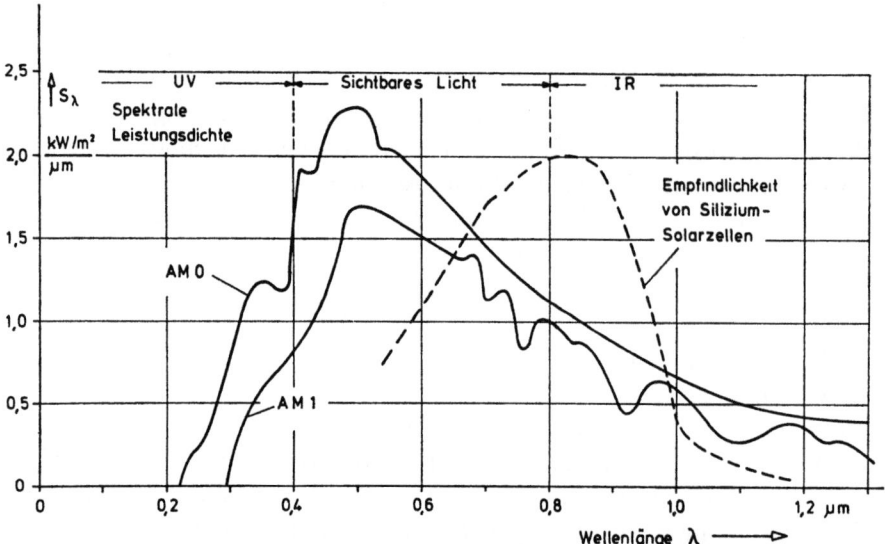

Abb. 1: Spektrale Verteilung der Strahlungsleistungsdichte der Sonnenstrahlung und relative Empfindlichkeit von Silizium-Solarzellen

Diese Strahlung ist inkohärent, unpolarisiert und außerhalb der Atmosphäre – bzw. bei klarer Sicht auch auf der Erdoberfläche – gerichtet (Schattenwurf). Die visuell klare Atmosphäre absorbiert einen Teil der angebotenen Leistungsdichte insbesondere im UV- und IR-Bereich; in Meereshöhe stehen bei senkrechtem Einfall immerhin noch 0,9 kW/m²

---

* Strahlungsleistungsdichte außerhalb der irdischen Lufthülle; man nennt dies den AM 0-Fall (Abk. für air mass 0).

integral zur Verfügung**. Neben der bedeutend erhöhten Absorption durch Wolkenschichten ist bei bedecktem Himmel noch zu berücksichtigen, daß die in der Intensität reduzierte und spektral weiter eingeengte Reststrahlung im Mittel diffus einfällt.

Die als elektromagnetische Strahlung mit den genannten Kenndaten gelieferte Sonnenenergie läßt sich nun durch folgende Mechanismen wandeln und damit nutzen:

entweder durch breitbändige Absorption in einem pauschal „schwarzen" Absorber und daraus resultierende Temperaturerhöhung oder Aggregatzustandswandlung eines geeigneten Arbeitsmediums (thermische Prozesse)

oder durch eine mehr selektive Absorption vorwiegend in der Nähe des spektralen Maximums in Prozessen photochemischer Art (Photosynthese) bzw. photoelektrischer Art.

Die Photosynthese ist bekanntermaßen die Grundlage unserer Ernährung sowie die Basis für die Produktion von Holz und geohistorisch unserer fossilen Brennstoffe; sie soll hier nicht weiter betrachtet werden. Für eine momentane technische Nutzung spielen derzeit nur die photoelektrischen und thermischen Prozesse eine Rolle.

Eine nächstwichtige Frage ist die nach dem möglichen Nutzungsmodus. Bei allen terrestrischen Anlagen werden die nutzbaren Zeiten periodisch durch den Tag/Nacht- bzw. Jahreszeiten-Rhythmus sowie je nach geographischer Lage regellos durch die jeweiligen Wetterbedingungen eingeschränkt. Diese nichtkontinuierliche Verfügbarkeit der primären Strahlungsenergie bedeutet für technisch sinnvolle Sonnenenergieanlagen die zusätzliche Investition entsprechender Energiespeicher. Unter Berücksichtigung all dieser Randbedingungen lassen sich nun verschiedene Nutzungsziele definieren und Konzepte für mögliche technische Realisierungen entwickeln.

3. Konzepte für zentrale Stationen

Als Nutzungsziel für zentrale Stationen ist heute die Bereitstellung vorwiegend elektrischer Energie in der Diskussion. Soweit dabei solche Sonnenkraftwerke in ein größeres z. B. kontinentales Netz ergänzend zu

---

** Strahlungsleistungsdichte im AM 1-Fall.

bereits vorhandenen Wärme-, Wasser- und Kernkraftwerken integriert werden, könnte die Notwendigkeit lokaler Speicher am Ort der Sonnenkraftwerke entweder ganz entfallen, oder im Versorgungsnetz ebenfalls integrierte Speicher (z. B. Pumpspeicherwerke) könnten an dafür geographisch geeigneten Stellen plaziert werden. Als Standort für terrestrische Sonnenkraftwerke selbst kommen aus Gründen des Wirkungsgrades und der Witterungsbedingungen wohl nur subtropische Regionen, in Europa allenfalls die Mittelmeerzone, in Betracht. Geht man von einem Standardwert einer zu installierenden Kraftwerksleistung von 1000 MW aus – das entspricht im Mittel den Leistungen heutiger konventioneller Kraftwerke –, so wäre hierfür unter AM 1-Bedingungen bei Annahme eines 10%-Wirkungsgrades eine Empfangsfläche von etwa 11 km² vorzusehen. Realistische Schätzungen sehen allerdings größere Flächenwerte vor und zwar je nach geographischer Lage: etwa 35 km² für den Bereich Sahara bzw. Arizona, 50 km² für Spanien bzw. Sizilien und etwa 75 km² für Mitteleuropa; das letztere bedeutet etwa 8,6 km im Quadrat.

Für die Energiewandlung haben sich Solarzellen auf Siliziumbasis, die nach dem inneren photoelektrischen Effekt aus Lichtstrahlung unmittelbar elektrische Gleichleistung liefern, bei Raumflugmissionen bereits bewährt. Nachteilig sind ihr geringer Wirkungsgrad von ca. 10% sowie die bisher noch hohen Herstellungskosten von etwa DM 5,— pro cm² einkristalliner Silizium-Solar-Zelle; das bedeutet, daß pro Watt produzierte Leistung Kosten von DM 500,— aufzuwenden sind nur für Solarzellen. Bestrebungen, hier zu einer Kostenreduktion zu kommen, sind notwendig und verständlich: Die USA-Energiebehörde ERDA hat für 1976 Forschungs- und Entwicklungsaufträge von 18 Mill. Dollar auf diesem Gebiet vergeben, davon allein 2 Mill. Dollar für die Produktion verbilligter Zellen mit insgesamt 0,1 MW Leistung. Angestrebt wird zunächst ein Preis von 10 bis 15 Dollar pro Watt. Nach einer Presse-Information vom Oktober dieses Jahres[15] ist es der deutschen Firma AEG-Telefunken gelungen, Solargeneratoren aus großflächigen, polykristallinen Zellen von 10 cm × 10 cm Abmessungen mit ebenfalls 10% Wirkungsgrad herzustellen. Diese Entwicklungsrichtung läßt das wünschenswerte Ziel, die Kosten auf 1 bis 2 DM pro Watt elektrische Leistung aus Sonnenstrahlung zu senken, in den nächsten zehn Jahren erreichbar erscheinen.

Thermische Wandler als Dampferhitzer mit nachfolgendem Wärmekraftwerk[5,6] lassen zwar einen höheren Wirkungsgrad von z. B. 30% erwarten. Nachteilig ist aber hier wegen des Hochtemperaturbetriebs die Notwendigkeit einer fokussierenden Spiegelanlage, die auf gerichtete

Strahlung angewiesen ist. Das aber bedeutet, daß für die Standortwahl solcher Anlagen – wichtiger noch als bei unfokussiert betriebenen Solarzellen – sinnvoll nur wolken- und dunstfreie Regionen in Betracht kommen. Damit stellt sich sofort die Frage nach einem geeigneten Energietransportsystem, da der Energieverbrauch vorwiegend in den Industrieländern der gemäßigten Zonen weitab von den potentiellen Erzeugergebieten auftritt. Neben den heute bekannten Möglichkeiten, z. B. auch HGÜ-Systemen (Hochspannungs-Gleichstrom-Übertragung), ist ein Vorschlag von Prof. Justi, Braunschweig, als eine interessante Alternative zu betrachten: Danach wäre Wasserstoff am Erzeugerort z. B. durch Elektrolyse zu produzieren, der dann materiell z. B. durch Pipelines zum Verbraucherort transportiert und hier mittels Brennstoffzellen wieder in elektrische Energie umgesetzt wird. Ein solches Transportsystem könnte dabei gleichzeitig die Funktion eines Speichers erfüllen.

Ein gänzlich anderes Konzept liegt nun einem Vorschlag von Glaser[2] zugrunde, nach welchem eine kontinuierliche Nutzung der Sonnenenergie erreicht werden kann, wenn die Anlage in einem erdschattenfreien Satellitenorbit betrieben wird. Dafür eignet sich, insbesondere auch aus Gründen einer einfachen Übertragung zur Nutzungsregion auf der Erde, die sogenannte Synchronbahn mit rund 40 000 km Bahnradius, in der die Umlaufwinkelgeschwindigkeit eines Satelliten gleich der Rotationswinkelgeschwindigkeit der Erde ist. In Abb. 2 ist eine solche

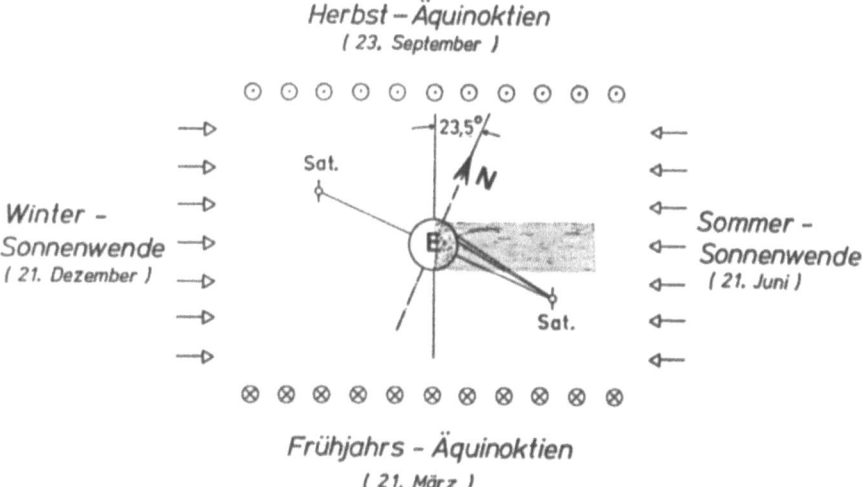

Abb. 2: Satelliten-Synchronbahn mit einem Bahnradius von etwa 40 000 km relativ zur Sonneneinstrahlrichtung zu vier verschiedenen Jahreszeiten. Der dargestellte Erdschatten entspricht der Position 21. Dezember in Europa

geostationäre Bahn, in der heute auch die meisten Nachrichtenübertragungssatelliten z. B. der Intelsat-Reihe betrieben werden, schematisch dargestellt für vier verschiedene Jahreszeiten hinsichtlich der Sonneneinstrahlung. Man erkennt, daß der Satellit während der meisten Zeit eines Jahres 24 Stunden täglich Sonnenstrahlung empfängt; lediglich eine Woche um die Frühjahrs- und Herbst-Äquinoktien durchläuft er um Mitternacht den Erdschatten für längstens eine Stunde.

Das Projekt „Energiesatellit" wurde in den letzten Jahren in den USA (z. B.[7-9]) aber auch in Deutschland[10] in Durchführbarkeitsstudien untersucht. Abb. 3 zeigt eine Realisierungsidee nach Vorschlägen von Brown[7]. Die Sonnenstrahlungsleistung wird hierbei in großflächigen Solarzellenpaneelen in elektrische Gleichleistung umgeformt, aus der sich mit gutem Wirkungsgrad Mikrowellenleistung gewinnen läßt; die Mikrowellenstrahlung wird dann in einer Art Richtfunkverbindung dämpfungsarm zur Erde übertragen und hier in Verbrauchernähe von einer geeigneten Antenne empfangen. Nach Gleichrichtung und evtl. Umformung auf Netzfrequenz kann dann die Bodenstation ein vorhandenes Verbundnetz speisen. Für die Energieübertragung zwischen Satellit und Erdoberfläche kommt aus physikalischen und technischen Gründen sinnvoll nur eine Mikrowellenverbindung in Betracht. Eine Frequenzlage um 3 GHz (bzw. Wellenlänge um 10 cm) wird dabei als ein vernünftiger Kompromiß angesehen, da einerseits bei höheren Frequenzen die Absorption in der Erdatmosphäre (Niederschläge, Wolken, Wasserdampf und molekularer Sauerstoff) zunimmt bzw. der Umwandlungswirkungsgrad für Mikrowellengeneratoren abnimmt und andererseits bei tieferen Frequenzen und damit größeren Wellenlängen die Abmessungen der fokussierenden Sendeantenne zu groß werden.

Im Gegensatz zu heute existierenden Weltraumnachrichtenverbindungen, bei denen die relativ kleine Empfangsantenne immer nur einen winzigen Teil der von der Sendeantenne abgestrahlten Leistung empfängt, soll bei einer Satelliten/Erde-Energieverbindung natürlich möglichst viel (z. B. 95%) empfangen werden. Dazu muß sowohl die Sendeantennenschale – um gut zu bündeln – als auch das Empfangsfeld – um möglichst alle Energie des Strahls zu erfassen – eine je genügend große, etwa kreisförmige Fläche besitzen; beide Flächenwerte bzw. Radien nach Abb. 4 sind dabei etwas gegenseitig austauschbar[11]. Für die Durchmesser D_S der Satellitensendeantenne (Transport- und Montagekosten) und den Durchmesser D_E der Erdeempfangsantenne (Grundstückskosten, geeignetes Gelände) ist ein kostengünstiges Optimum anzustreben; dies wird bei etwa $D_S = 1$ km und $D_E = 6$ km angenommen[7].

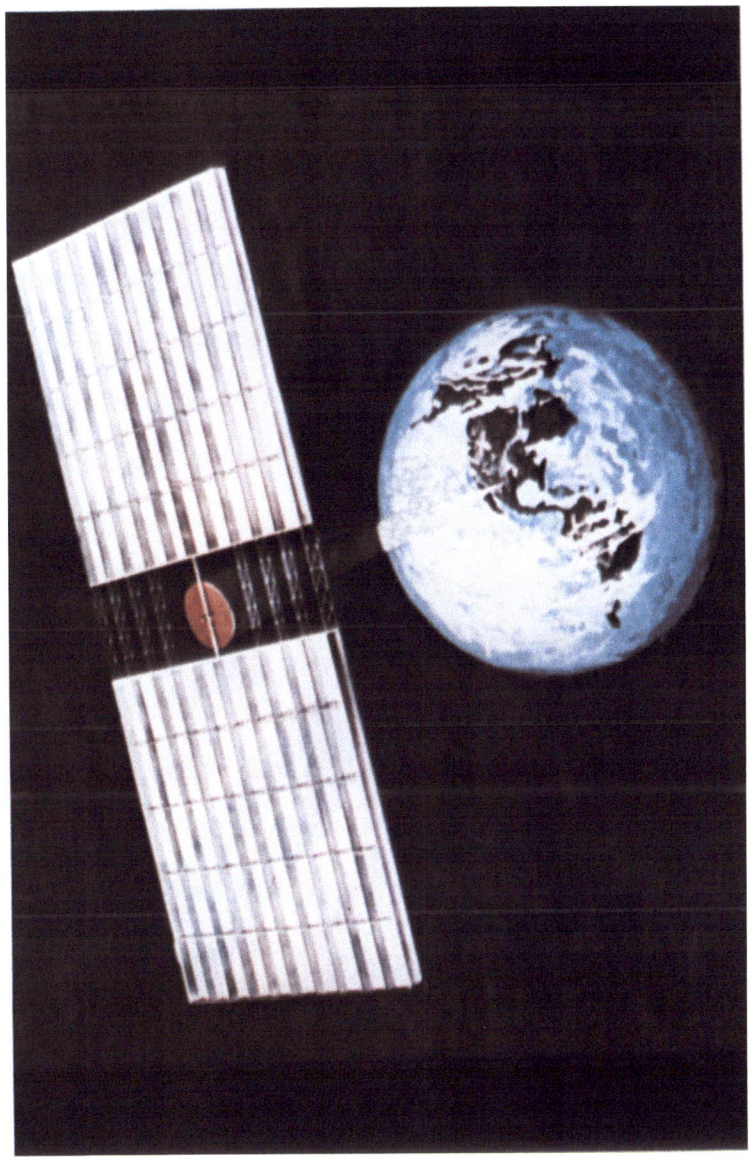

Abb. 3: Energiesatellit nach Glaser[2] in einer Konzeption nach Brown[7]

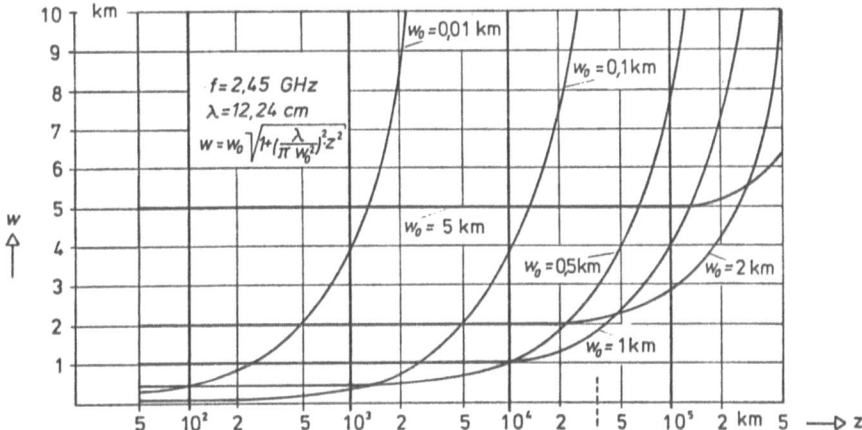

Abb. 4: Radius $w(z)$ eines Mikrowellengaußstrahls zur Energieübertragung Satellit–Erde bei der Frequenz $f = 2,45$ GHz als Funktion der Entfernung z von der Strahltaille für verschiedene Taillenradien w_0. Für $D_S = 2w_0 = 1$ km ist im Abstand $z = 36000$ km der Strahl auf $2w = D_E = 6$ km aufgeweitet

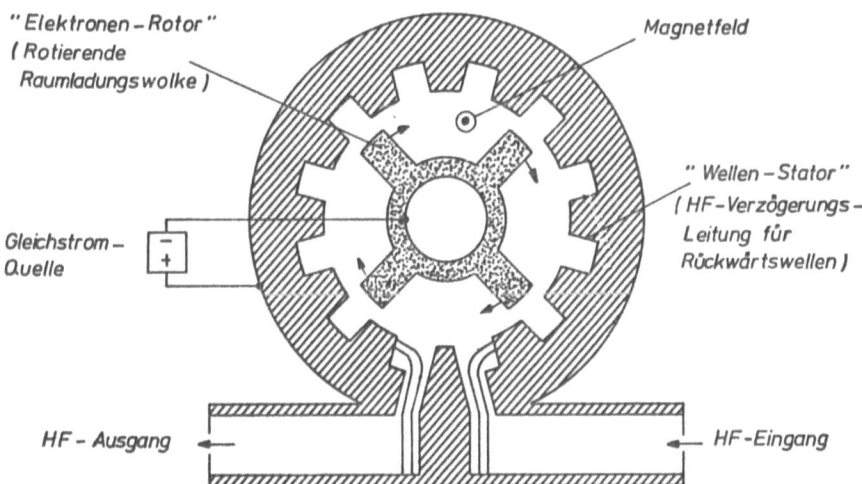

Abb. 5: Kreuzfeldverstärker „Amplitron" zur Umformung von Gleichstrom-Energie in Hochfrequenzenergie

Für die Umwandlung in Mikrowellenleistung kommen als zuverlässige Bauelemente mit hohem Wirkungsgrad absehbar nur Mikrowellenvakuumröhren und zwar nach dem Kreuzfeldprinzip (Amplitron-Verstärker) in Betracht. Der Aufbau eines solchen Wandlers ist schematisch in Abb. 5 dargestellt: Über den Hochfrequenz-Eingang gelangt ein schwaches Mikrowellensteuersignal (von der Erde empfangen) in den Wellenstator als Rückwärtswelle; der Solarzellengenerator als Gleichstromquelle gibt seine Energie an eine in einem Permanentmagnetfeld rotierende, speichenradförmige Elektronenraumladungswolke ab, die die Rückwärtswelle auf hohe Mikrowellenleistung verstärkt, welche über den Hochfrequenzausgang das jeweilige Sendeantennenelement speist. Nach einer Schätzung von Brown[7] liegt ein Kostenminimum bei einer zu installierenden Netzleistung von 10 000 MW auf der Erde; bei einer günstigen Einzelleistung von 5 kW Mikrowellenleistung pro Amplitron würde dann eine Stückzahl von 2,5 Millionen Röhren pro Satellitenstation benötigt. Durch die Verwendung von selbstheizenden Reinmetallkathoden und durch den Fortfall einer eigenen Vakuumhülle bietet sich hier mit der Mikrowellenmagnetfeldröhre eine kostengünstige und satellitentechnisch elegante Lösung an[11]. Die Sendeantenne im Satelliten, eine flache Parabolschale von etwa 1 km Durchmesser, ist aus einer Vielzahl von Elementarantennen zusammenzusetzen, die auf ihrer Rückseite von den Amplitrons versorgt werden, und die auf der zur Erde gerichteten Vorderseite den Mikrowellenrichtstrahl phasenrichtig anregen.

Die Erdeempfangsanlage, eine voll absorbierende Antenne mit einem Durchmesser von etwa 6 ÷ 8 km wird gemäß Abb. 6 ebenfalls aus einzelnen Moduln (Dipole mit Reflektornetz und Gleichrichter) zusammengestellt. Jede Einzelantenne von einigen m² Fläche ist hierbei geeignet auf den sendenden Satelliten auszurichten. Da sie unabhängig vonein-

Abb. 6: Antennenanlage auf der Erde zum Empfang eines Mikrowellenstrahls von einem Energiesatelliten nach einer Darstellung von Brown[7]

ander empfangen und erst nach Hochfrequenzgleichrichtung z. B. mittels verlustarmer und preisgünstiger Schottky-Dioden auf der Gleichspannungsseite zusammengeschaltet werden, kann der gesamte Empfangswirkungsgrad kaum durch Phasenfrontstörungen in den unteren Atmosphärenschichten (Wolken, Regeninseln, Luftschlieren) gemindert werden. Wenngleich nach dieser Darstellung die technische Funktionsfähigkeit dieses Konzepts schon sehr weit entwickelt scheint, ist mit einer Realisierung, wenn überhaupt, aus Gründen der heute noch immensen Kosten und einer erst noch zu entwickelnden Raumtransport- und Montagetechnik wohl nicht vor der Jahrtausendwende zu rechnen.

4. Ansätze für dezentrale Nutzungen

Räumlich und zeitlich naheliegendere Nutzungsmöglichkeiten sind indessen mit Anlagen gegeben, die sich gemeinsam als dezentral bezeichnen lassen und die im wesentlichen die Bereitstellung von Niedertemperaturwärme zum Ziel haben. Es mag für den Laien überraschend klingen: aber von der insgesamt in der Bundesrepublik Deutschland heute bereitgestellten Energiemenge werden etwa 40% für die Raumheizung und Brauchwarmwasserbereitung verwendet. Dieser Haushalts- und Kleinverbraucherbedarf wird dabei zu über 60% durch Heizöl, der Rest zu je etwa 10% durch Strom, Gas bzw. Kohle gedeckt. Hier ist offenbar ein lohnenswerter Bereich, den kritischen Energieträger Heizöl durch Sonnenenergie, falls möglich, zu substituieren. Die Fragen nach dem ob und wie werden seit einiger Zeit von der Industrie und den Energieversorgungsunternehmen z. T. mit Unterstützung durch Bundesmittel intensiv untersucht (siehe z. B.[12,13]).

Für die Nutzung der regenerativen Energiequelle Sonnenstrahlung sind im mitteleuropäischen Bereich mit durchschnittlich nur 1500 Sonnenscheinstunden pro Jahr sinnvollerweise mehrere Möglichkeiten vorzusehen bzw. zu erproben. Als direkte Nutzung wird hierbei die unmittelbare Absorption von Strahlung in Dachkollektoren bezeichnet, die zur Aufheizung eines flüssigen Mediums, meist Wasser, über den Brauchtemperaturwert führt. Vom Umwälzpumpenantrieb abgesehen, ist in diesem Fall bei genügend hoher Aufheiztemperatur keine Hilfsenergie erforderlich. Gemäß Abb. 7 würde die von den Dachkollektoren gelieferte Wärmemenge nach entsprechender Verteilung über Wärmetauscher entweder direkt der Endnutzung (Warmwasser, Raumheizung) zugeführt oder im Überschußfall im Arbeitsspeicher gelagert.

In den meisten Fällen deckt diese direkt gewonnene Energie nicht den Bedarf. Indirekt läßt sich nun aber auch noch der Anteil an Sonnenenergie nutzen, der als Wärmemenge in der Umgebungsluft, im Erdboden und gegebenenfalls im Grund- und Oberflächenwasser langfristig gespeichert ist. Da diese Energie aber auf einem Temperaturniveau unter-

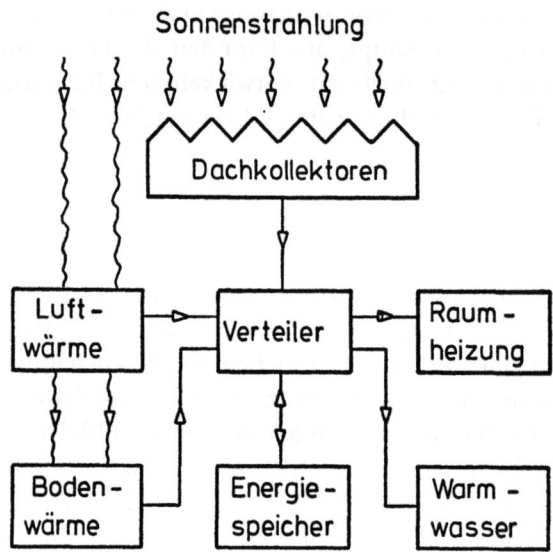

Abb. 7: Blockschema einer Solarenergie-Kleinverbraucheranlage, z. B. in einem Einfamilienwohnhaus

halb der Brauchtemperatur vorliegt, ist zur Nutzung, d. h. zum Anheben auf das Brauchtemperaturniveau, der Einsatz von Wärmepumpen notwendig, die zum Betrieb Hilfsenergie (praktisch Elektroenergie) erfordern. Wahrscheinlich wird aber auch diese zusätzliche indirekte Nutzung nicht zur Deckung des Jahresbedarfs reichen, es sei denn, es gelingt, geeignete Lösungen für das Problem der Jahresspeicherung (Saisonspeicher) zu finden, mit denen sich gegebenenfalls Überschußenergie aus Sommermonaten genügend wirtschaftlich speichern läßt. Der partielle Einsatz konventioneller Heizsysteme auf Heizöl-, Erdgas- oder Elektrobasis insbesondere zur Bedarfsdeckung an sonnenarmen und kalten Tagen (Bivalente Heizung) wird daher in manchen Untersuchungen (z. B.[14]) auch weiterhin für notwendig gehalten.

Von mehreren Forschungsgruppen werden derzeit in Solarhäusern in Aachen (Fa. Philips), in Essen (Fa. Dornier/RWE-Anwendungstechnik) und bei Heidelberg (Fa. BBC-Süddeutsche Metallwerke) experimentelle

Untersuchungen über den Betrieb ausgeführter Solarenergiegewinnungssysteme, insbesondere über deren optimale Systemführung und Wirtschaftlichkeit durchgeführt. Endgültige Beurteilungen über einen zukünftigen technisch sinnvollen und volkswirtschaftlich tragbaren Einsatz von dezentralen Solarenergieanlagen in großem Umfang, die zu merkbaren Einsparungen fossiler Energieträger führen, werden sicherlich erst nach Abschluß dieser und anderer Untersuchungen[16,17] möglich sein. Solche Solarheizanlagen (wahrscheinlich in multivalenter Technik) werden aber mit ihren verschiedenen Pump-, Regel- und Speichersystemen weitaus komplexer sein als die derzeit üblichen Verbrennungsanlagen und deshalb mehr Anlageinvestition erfordern. Es ist daher sehr wahrscheinlich, daß der Start in eine solche Solartechnik wirtschaftlich gesehen nur durch entsprechende Förderungsmechanismen einzuleiten ist.

5. Strahlungsbilanz der Erde

Bei allen Diskussionen über die zukünftige Entwicklung von Bedarf und Produktion an Energie erscheint es angebracht, hierbei die von der Natur gegebenen Werte zu kennen, die die physikalischen und damit auch biologischen Randbedingungen für die bekannten Lebensformen auf unserem Planeten Erde darstellen. Diese Umweltbedingungen ergeben sich global aus einem Gleichgewicht elektromagnetischer Strahlung, das schematisch in Abb. 8 dargestellt ist. Infolge der täglichen Rotation der Erde um ihre Polarachse ist ein ständig wechselnder Teil

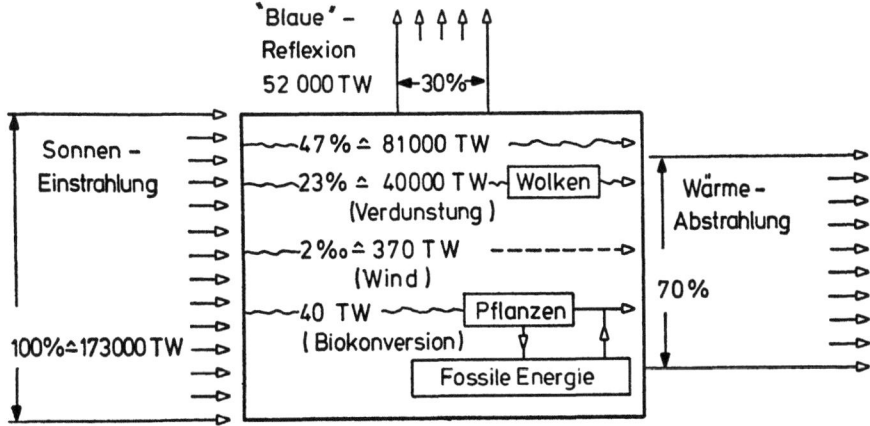

Abb. 8: Strahlungsgleichgewicht der Erde

ihrer Oberfläche, einschließlich der mitgeführten Atmosphäre, auf der sogenannten Tagseite in der Lage, Energie aus dem Strahlungsfeld der Sonne aufzunehmen. Diese Einstrahlung ergibt über die Tagseitenoberfläche und über alle Lichtwellenlängen integriert eine Leistung von $P_E = 173\,000$ TW. Etwa 30% hiervon und zwar der kurzwellige, ultraviolett bis blaue Anteil werden unmittelbar auf der Tagseite der Erdhalbkugel diffus in den Weltraum zurückgestrahlt. Der längerwellige Spektralanteil, etwa 70%, wird zunächst auf der Tagseite in Lufthülle und Oberfläche absorbiert und ist damit eine wesentliche Bestimmungsgröße für Klima und mittlere Erdoberflächentemperatur; ein beträchtlicher Anteil, etwa 23% von P_E, dient über die Verdunstung von Oberflächenwasser allein der Produktion von Wolken (potentielle Energie), während ein dagegen nur verschwindender Anteil von 2°/₀₀ von P_E in Wind, Wellen und Strömungen (kinetische Energie) umgesetzt wird. Noch geringer, nämlich nur 0,23°/₀₀ von P_E, ist der Strahlungsanteil, der über die tägliche Biokonversion Pflanzen produziert (chemische Energie) und damit die Basis der biologischen Ketten darstellt. Nur die Tatsache, daß für das Aufsummieren dieser chemischen Energie in fossiler Form einige hundert Millionen Jahre zur Verfügung standen, ermöglicht die heutige, technisch bequeme Nutzung dieser gespeicherten Energien in ihrer relativ großen Dichte. Verwesung und Verbrennung der Kohlenwasserstoffe und Reibungsverluste bei Wind, Wellen, Strömungen und Niederschlägen erzeugen schließlich wieder Wärme, die zusammen mit dem unmittelbar absorbierten langwelligen Strahlungsanteil (47% von P_E) global die mittlere Erdoberflächentemperatur bestimmt. Mit dieser Temperatur erzeugt die Erde elektromagnetische Strahlung im langwelligen, vorwiegend infraroten Spektralgebiet, die von der Gesamtoberfläche (Tag- und Nachthälfte) in den Weltraum abgegeben wird und mit ihrem Anteil von etwa 70% von P_E das Gesamtstrahlungsgleichgewicht herstellt. Alle übrigen natürlichen Energieumsetzungen z. B. infolge Massenanziehung (Gezeiten), Wärmetransport aus dem Erdinnern usw. sind mit kleiner als 0,2°/₀₀ von P_E in der Strahlungsbilanz vernachlässigbar.

Die Wärmeproduktion der heutigen Technik, die derzeit noch überwiegend aus fossil gespeicherter Energie gespeist wird, erhöht die Temperatur der Biosphäre global nur um 0,001 Kelvin (K), über Land allerdings schon um 0,01 K und in manchen Ballungsgebieten um 2 bis 5 K. Infolge Schwankungen im Jahresbahnumlauf können schon auf natürliche Weise langfristige Variationen der mittleren Temperatur bis zu 1 K global auftreten. Als global gerade noch ökologisch tolerierbar werden daher technikbedingte Temperaturerhöhungen von global höchstens derselben Größe von 1 K angesehen; dies aber würde bereits regional nicht mehr tolerierbare Temperaturerhöhungen bedeuten. Will man dies vermeiden und gleichzeitig auf eine weitere Steigerung an Energienutzung nicht verzichten, so muß langfristig dieser Nutzungsprozeß aus dem bisherigen Abbau gespeicherter Energie, der notwendig Abwärme produziert, umverlagert werden in die Nutzung der Entropiedifferenz zwischen elektromagnetischer Ein- und Ausstrahlung, die keine Zusatzerwärmung hervorruft.

Die geringe Strahlungsleistungsdichte des Sonnenlichtes und die klimatischen Verhältnisse setzen einer wirtschaftlichen Nutzung der Sonnenenergie im großen Maßstab heute noch Grenzen; das unerschöpfliche Strahlungsangebot an sich und die langfristigen Perspektiven des Wärmehaushalts sollten aber gleichwohl für alle Natur-, Ingenieur- und Wirtschaftswissenschaften Herausforderung genug sein, diese Grenzen zu überwinden, um zukünftigen Generationen einen akzeptablen Planeten zu erhalten.

Von der Sonne insgesamt emittierte Strahlungsleistung	$3{,}60 \cdot 10^{26}$ Watt
Von der Tagseite der Erde absorbierte Strahlungsleistung	$1{,}73 \cdot 10^{17}$ Watt
Von der Landfläche Europas (10 Mill. qkm) absorbierte Strahlungsleistung (AM 0)	$\sim 1{,}00 \cdot 10^{16}$ Watt
Von der Fläche der Bundesrepublik Deutschland absorbierte Strahlungsleistung (AM 0)	$\sim 2{,}50 \cdot 10^{14}$ Watt
Primärenergieverbrauch pro Sekunde in der Bundesrepublik Deutschland (Jahresmittel 1974)	$3{,}36 \cdot 10^{11}$ Watt
Elektroenergieerzeugung pro Sekunde in der Bundesrepublik Deutschland (Jahresmittel 1975)	$2{,}63 \cdot 10^{10}$ Watt
Typische installierte Leistung eines Kraftwerkblocks 1000 MW	$1{,}00 \cdot 10^{9}$ Watt
Auf die Fläche der Bundesrepublik Deutschland eingestrahlte Sonnenenergie pro Jahr (12 h/d, AM 1)	$\sim 3{,}50 \cdot 10^{21}$ Joule
Primärenergieverbrauch in der Bundesrepublik Deutschland im Jahre 1974	$\sim 1{,}00 \cdot 10^{19}$ Joule
Elektroenergieerzeugung in der Bundesrepublik Deutschland im Jahre 1975	$\sim 0{,}8 \cdot 10^{18}$ Joule
Jahresheizenergieverbrauch für mittleres Einfamilienhaus	$0{,}5 \div 3 \cdot 10^{11}$ Joule

Tab. 1: Vergleich verschiedener Leistungs- bzw. Energiewerte.

Im neuen Internationalen Einheitensystem (SI-Einheiten ≙ Système International d'Unités) ist die Einheit der Energie das Joule (J) = Watt · Sekunde (Ws) und die Einheit der Leistung das Watt (W) = Joule/Sekunde

$$1 \text{ Kilowattstunde (kWh)} = 3{,}6 \cdot 10^6 \text{ J}$$
$$1 \text{ Kilokalorie (kcal)} = 4{,}1868 \cdot 10^3 \text{ J}$$
$$1 \text{ British thermal unit (Btu)} = 1{,}055 \cdot 10^3 \text{ J}$$

Heizwerte (Ideale Umsetzung in thermische Energie):

$$1 \text{ Kilogramm Steinkohle (1 kg SKE)} \triangleq 30 \cdot 10^6 \text{ J}$$
$$1 \text{ Kilogramm Heizöl} \triangleq 40 \cdot 10^6 \text{ J}$$

Dezimale Vielfache:

Kilo (Vorsatzzeichen k) = 10^3
Mega (Vorsatzzeichen M) = 10^6
Giga (Vorsatzzeichen G) = 10^9
Tera (Vorsatzzeichen T) = 10^{12}

Tab. 2: Umrechnungen und Einheiten.

Literatur

[1] *Hubbert, M. K.*, Energy Resources, Nat. Acad. Sci.-Nat. Res. Council Pub. No. 100D (1962), 91
[2] *Glaser, P. E.*, Power from the Sun: Its Future, Science, Vol. 162, Nov. 22, 1968, 857–861
[3] *Farber, E. A.*, Grundsätzliche Probleme der Umwandlung und Verwendung von Solarenergie, ETZ-A, Bd. 95 (1974), Heft 12, S. 653–656
[4] *Rink, J. E.* und *Hewitt, J. G.*, Large Terrestrial Solar Arrays, Proc. 1971 Intersociety Energy Conversion Eng. Conf., 15–23
[5] *Francia, G.*, Pilot plants of solar steam generating stations, Sol. Energy, 12 (1968), 51–64
[6] *Hildebrandt, A. F., Vant-Hull, L. L., Easton, C. R.*, Solar tower concentrator, Los Angeles, ISES 75 (1975), Paper 50/1, 450
[7] *Brown, W. C.*, Satellite Power Stations: A New Source of Energy? IEEE Spectrum, March 1973, 38–47
[8] *Brown, W. C.*, Adapting Microwave Techniques to Help Solve Future Energy Problems, IEEE Trans. on Microwave Theory and Techniques, Vol. MTT-21, No. 12, Dec. 1973, 753–763
[9] *Brown, W. C.*, The Technology and Applications of Free-Space Power Transmission by Microwave Beam, Proc. of the IEEE, Vol. 62, No. 1, Jan. 1974, 11–25
[10] *Köhn, D.* et al., Betrachtungen zur Durchführbarkeit und Technologie von Sonnenenergie-Satelliten und Energieübertragungs-Satelliten, Studie im Auftrag der GfW, Nr. RV 11-V 67/74-PZ-BB 74, Mai 1975
[11] *Brand, H.*, Systemkonzepte zur Mikrowellen-Energieübertragung mittels Satelliten insbesondere zur Nutzung der Sonnenenergie, Seminar-Sonderheft „Das Weltraumlabor spacelab und seine Nutzung". Lehrstuhl f. Raumfahrttechnik, TU München, Apr. 1975, 327–341
[12] *Bruno, R., Hermann, W., Hörster, H., Kersten, R., Klinkenberg, K., Mahdjuri, F.*, Nutzung der Sonnenenergie und rationelle Energieanwendung in Gebäuden, Philips GmbH, Forschungslaboratorium, Aachen
[13] *Dietrich, B., Gehrke, H.*, Wohnhaus mit Versuchsanlage zur Nutzung von Sonnenenergie, elektrowärme international 33 (1975), A 6, S. 275
[14] *Stoy, B.*, Sonnenenergie, Geothermische Energie, Massenanziehung, Energie-Verlag Heidelberg, 1976
[15] AEG-Telefunken, Presseinformation pri 4127 (1. 10. 1976)
[16] Autorenkollektiv (Hrsgb. *Matthöfer, H.*), Sonnenenergie (Statusseminar i. A. BMFT), Umschau-Verlag, Frankfurt 1976
[17] Autorenkollektiv (Hrsgb. *Matthöfer, H.*), Energiequellen für morgen? Teil II: Nutzung der solaren Strahlungsenergie, Umschau-Verlag, Frankfurt 1976

Diskussion

Herr Flohn: Es ist für mich als Meteorologen schwer verständlich, wie man bei einer Mitteltemperatur der Umgebung von rund 0 °C (im Winter) mittels einer Wärmepumpe ein Zimmer z. B. auf 22 °C heizen kann – wird hier nicht viel mehr Energie bei diesem Prozeß verbraucht, als gewonnen? Eine Speicherung der Sonnenwärme in der Luft ist doch nicht möglich; Strahlung, Turbulenz und Wind sorgen für raschen Ausgleich. Anders im Erdboden: Dort herrscht ab etwa 1–3 m Tiefe die Jahresmitteltemperatur – in der Schicht darüber wird im Sommer Wärme gespeichert, im Winter abgegeben.

Herr Brand: Es ist zweifellos so, daß wir, wenn wir von einem Temperaturniveau von z. B. 10 Grad Celsius Umgebungsluft auf 50 Grad Wassertemperatur hochkommen wollen, Zusatzenergie hineinstecken müssen. Das ist genau die notwendige Pumpenergie. Dieser Aufwand an Zusatzenergie ist natürlich größer, wenn wir von einem Niedrigtemperaturniveau von, sagen wir, 10 Grad Lufttemperatur ausgehen, als wenn wir von sommerlichen Werten von 20 Grad ausgehen. Die Zusatzenergie werden wir in aller Regel in Form von elektrischer Energie oder möglicherweise auch über gasgetriebene oder ölgetriebene Generatoren zur Verfügung stellen müssen.

Die Ersparnis bei dieser Wärmepumpentechnik – und ich verlasse mich da jetzt auf Untersuchungen von Herrn Stoy – ist trotzdem pauschal über das ganze Jahr gesehen immerhin so groß, daß wir von den Ölimporten, die wir zur Zeit tätigen müssen, wesentlich unabhängiger wären. Die Gesamtbilanz sieht so aus, daß die Techniken, die entweder Umgebungsluft allein oder zusätzlich Sonnenstrahlung über Kollektoren oder zusätzlich Bodenwärme ausnutzen, insgesamt gesehen energetisch günstiger wären als die jetzige Technik, nur fossile Brennstoffe zu verheizen.

Es ist noch eine andere Befürchtung geäußert worden, nämlich die, daß wir mit dieser Technik die Luft weitgehend abkühlen, wenn wir also die Wärme der Luft entziehen. Das mag zunächst richtig klingen, aber im Grunde vollziehen wir dabei ja nur einen räumlichen Umverteilungsprozeß; denn tatsächlich bleibt die Wärme, die wir im Hause erzeugen, ja nicht im Haus. Das Haus wird ja nicht ständig aufgeheizt, sondern die Wärme geht über die ständige Wärmeableitung durch die Wände, durch die Lüftung wieder an die Umgebung ab, so daß wir also mit dieser Wärmepumpentechnik eigentlich nur die vorhandene Wärmemenge konzentrieren müssen, damit sie im Hause als Lufttemperatur oder als Wassertemperatur auf einem nutzbaren Niveau liegt.

Herr Schneider: Die technischen Prinzipien gerade der Ausnutzung der gespeicherten Wärme im Boden oder in Gewässern sind ja nicht nur längst bekannt, sondern schon seit Jahrzehnten in der Anwendung. Ich darf daran erinnern, daß die Wärmepumpe während des Krieges in der Schweiz in größerem Umfange genutzt wurde. Zum Beispiel sind die ETH und das Viertel in ihrer Umgebung während des Krieges damit geheizt worden. Auch die Industrie in der Schweiz hat die Wärmepumpe genutzt, wobei allerdings die damals ungewöhnlich niedrigen Preise für die Überschußenergie der Wasserkraftwerke eine große Rolle spielten. Nur bei sehr niedrigen Elektroenergiepreisen kann man Wärmepumpen in großem Umfange kostengünstig einsetzen.

Nun eine zweite Bemerkung: Wenn man an die dezentralen Nutzungsformen denkt, die Sie ja auch als die in absehbarer Zeit allein realisierbaren ansehen, spielt natürlich der Preis für die Energie eine wichtige Rolle. Nach meiner Interpretation der allgemeinen Knappheitsentwicklung im Bereich der fossilen, aber auch der fissilen Brennstoffe muß man mit einem Trend der realen, d. h. inflationsbedingten Energiepreise rechnen, der zunächst noch relativ schwach, aber gegen Ende des Jahrhunderts sehr stark steigen wird. Das wird Ihre Techniken ökonomisch stark fördern. Wenn diese Techniken heute noch nicht rentabel sind, so werden sie es im Laufe der Zeit, etwa in 15 oder 20 Jahren, sicher sein. Insofern sind alle diese Entwicklungsarbeiten auch ökonomisch sinnvoll.

Bei der zentralisierten Erzeugung sprachen Sie davon – ich glaube, es war Herr Justi aus Braunschweig, der die Idee hatte –, zunächst Wasserstoff zu erzeugen und dann Wasserstoff zu transportieren.

Dagegen müssen erhebliche ökonomische Bedenken geltend gemacht werden; denn Wasserstoff auf diese Weise zu erzeugen, ist ungefähr das teuerste Verfahren oder zumindest eines der teuersten Verfahren, die wir heute kennen. Die alten Verfahren auf Kohlebasis sind demgegenüber unvergleichlich billiger. Die Entwicklung der Energiepreise dürfte die relative Wirtschaftlichkeit der zentralisierten im Vergleich zu den dezentralisierten Verfahren kaum wesentlich verändern.

Herr Brand: Ich möchte auch nicht behaupten, daß es eine besonders ökonomische Methode ist. Es ist vielleicht nur eine andere Methode gegenüber der sonst immer in der Vorstellung verhafteten, daß man elektrische Energie halt über Leitungen transportieren muß. Ob die Methode ökonomisch sinnvoll ist, mag also dahingestellt sein. Wir müssen ja auch wieder den Wirkungsgrad bei der Rückgewinnung in den Brennstoffzellen berücksichtigen, der keineswegs bei 100% liegt.

Herr Quick: Ist bei der Übertragung der Energie aus dem Weltraum durch Mikrowellentechnik die Strahlungsdichte so groß, daß man sich ungefährdet in dem Bereich aufhalten kann?

Herr Brand: Wenn man insgesamt von Größenordnungen von 10 Gigawatt zu übertragender Leistung auf der Erdseite ausgeht, dann muß man in der Mitte des Strahls, wo die Intensität am größten ist – am Rande fällt sie ab –, mit einer Leistungsdichte von 870 Watt/m² rechnen. Da man etwa 100 Watt/m² als biologisch noch unschädlich ansieht, liegt die Leistungsdichte im Strahlzentrum also nur um den Faktor 10 höher. Wenn zum Beispiel ein Ganzmetallflugzeug den Strahl durchfliegt, macht das überhaupt nichts aus, weil die Strahlung nicht eindringt. Wenn ein Segelflugzeug den Strahl durchfliegt, würde ich vermuten, daß der Pilot vielleicht ein Wärmegefühl spüren wird, aber nicht sehr lange. Die maximale Leistungsdichte liegt ja in einer Größenordnung, wie sie auch medizinisch in der Diathermie verwendet wird. Im übrigen ist sie vermutlich bei Langzeiteinwirkung schädlich; wenn aber ein Flugzeug nur durchfliegt, ist es uninteressant.

Herr Kick: Sie haben im letzten Bild auf die Sonnenenergie mit den 40 Terawatt hingewiesen, die über die Pflanzen verwertet werden kann. Dieser Sektor wird, meine ich, manchmal etwas zu wenig im Hinblick auf den Zugriff zu dieser Energie beachtet. Überlegen Sie zum Beispiel, daß wir zur Zeit bei unserer Getreideproduktion je Hektar mindestens 75 t Trockenmasse produzieren, wovon mehr als die Hälfte Stroh ist. Der Landwirt weiß heute nicht, was er mit dem Stroh machen soll. Im letzten Jahr haben wir es zu einem Teil für die Fütterung eingesetzt, aber oft nimmt man gerne das Streichholz. Und wenn Sie das einmal umrechnen, dann macht das allein aus der Getreideproduktion einen Wärmewert von etwa 8 000 000 t Heizöl aus.

So gibt es noch mehr Beispiele. Sie brauchten in den letzten Jahren nur einmal in die Wälder zu gehen. Da verfaulten Tausende von Festmetern Holz, und niemand kümmerte sich darum.

Ich weiß nicht, ob man nicht auch diese Seite etwas stärker in die Erinnerung zurückrufen sollte. Es sind sicherlich Möglichkeiten vorhanden, und man hat ja auch schon früher daran gearbeitet, diese Stoffe zu verwerten. Ich denke insbesondere an Stoffe, die sonst als Abfall anfallen.

Herr Brand: Ich würde gern einen ausgesprochenen Energietechniker bitten, zu dieser Frage Stellung zu nehmen. Soweit ich als Laie das beurteilen kann, sehe ich hier für eine großtechnische Energiegewinnung keine Möglichkeit, es sei denn, die Natur speichert über viele Millionen Jahre, wie das in der Kohle und im Erdöl der Fall ist.

Im übrigen wird meines Erachtens mit einem sehr, sehr kleinen Wirkungsgrad, der in der Größenordnung von einem Prozent liegt, Sonnenenergie bei der Biokonversion überhaupt nur in wiederum äquivalente Energie von Kohlenwasserstoffen, also Stärke, Zucker usw., umgewandelt. Wenn Sie also eine bestimmte Fläche zugrunde legen, die Sie für die Konversion nutzen wollen, dann können Sie mit jedem anderen Verfahren mit größerem Wirkungsgrad Energie gewinnen als mit der Biokonversion, natürlich nur als Energie, elektrische oder thermische Energie, während wir bei der Biokonversion noch etwas ganz anderes wollen, nämlich eigentlich primär Nahrungsmittel. Holz oder Stroh als Abfallprodukt müßte im Einzelfall untersucht werden, wo es genutzt werden könnte. Für eine großtechnische Produktion spielt es aber, glaube ich, keine Rolle.

Herr Engell: Ihre Vorschläge zur Nutzung der Wärme der Luft laufen ja im wesentlichen auf die Benutzung von Wärmepumpen hinaus, und Wärmepumpen verbrauchen elektrische Energie. Bei dem Vergleich mit der Wärme aus fossilen Brennstoffen muß daher die Abwertung der Energie bei der Herstellung der elektrischen Energie mit eingerechnet werden. Der Wirkungsgrad ist also leider nicht so gut, wie das auf den ersten Blick aussieht; denn von dem, was an fossiler Energie in das Kraftwerk hineingeht, kommen eben nur 40% oder mitunter nur ein Drittel als elektrische Energie nachher beim Endverbraucher an. Damit wird die Wärmepumpe betrieben, und damit wird die Wärmemenge, die aus der Luft entnommen wird, aufgewertet.

Zum zweiten ist die Luft als Speicher für die Wärme, wie Sie ganz richtig sagen, sehr gut verfügbar, aber sie hat hydrodynamisch einige Nachteile, die sich an den erforderlichen Wärmetauschern bemerkbar machen. Hier würde man sehr große Flächen brauchen, um die notwendige Wärmemenge zu übertragen, wenn man nicht noch erhebliche Temperaturgradienten in der Luft wieder in Kauf nehmen will, was den Wirkungsgrad verschlechtern würde.

Aus diesem Grunde ist bisher wohl auch mit Erfolg nur die Wärme des Wassers ausgenutzt worden, um damit Häuser zu beheizen, wie es das erwähnte Beispiel aus Zürich zeigt. Die Nutzung der Wärme aus der Luft wirft also sehr viel größere Probleme auf als die des Wassers.

Herr Fettweis: Das Problem des Flugzeugs, das durch den Strahl fliegt, ist, glaube ich, nicht die entscheidende Frage. Die entscheidende Frage ist, wie stabil der Strahl auf die Erde ausgerichtet werden kann. Der Sender befindet sich in 36 000 km Höhe. Wenn ich richtig gerechnet habe, würde eine 10-km-Abweichung des Strahls auf der Erde etwa einer Winkelminute entsprechen. Wenn also der Satellit in seiner Ausrichtung nur um eine Winkelminute abweicht, dann weicht der Strahl schon völlig aus der Empfangsantenne heraus. Das Maximum kommt dann irgendwo an, wo man es gar nicht erwartet hatte.

Herr Brand: Wenn der Strahl als ganzes aus dem eigentlich zu nutzenden Bereich der Antenne heraus abgelenkt wird, dann ist das zunächst einmal keine Katastrophe im gleichen Sinne, wie wenn konzentriert 10 Gigawatt frei würden; denn sie sind in einer so geringen Dichte vorhanden, maximal ja nur mit 870 Watt/m^2, daß sie vielleicht eine Erwärmung des biologischen Gewebes zur Folge hätten, aber keineswegs katastrophal wären. (Die natürliche Sonnenstrahlung „belastet" die Tagseite der Erde ja auch mit etwa 1000 Watt/m^2.)

Wenn ich im übrigen auch das Projekt als solches nicht befürworten möchte – von der Sache her hat man natürlich bereits auch an die Frage der Strahlstabilisierung gedacht: Die Sendeantenne im Weltraum ist nicht sich selbst überlassen, sondern sie wird von der Erde aus gesteuert. Der eigentliche Pilotsender steht auf der Erde, gibt also die Phase an und gibt den Zielpunkt vor, wo der Strahl hinkommen soll. Es werden durch das Regelsystem ständig die Phasen in der gesamten aktiven Antenne so nachgeführt, daß der Strahl im Mittel in der Empfangsfläche von 8 km Durchmesser landet. Es handelt sich also um ein geschlossenes Regelsystem, das von der Erde aus gesteuert wird. Man fängt den Strahl von einem Pilotsender auf der Erde aus ein. Der Strahl formiert sich erst, wenn man so will, langsam auf diesen Empfangsfleck von etwa 8 km Durchmesser; er ist zunächst sehr breit und damit für die Energieübertragung unbrauchbar, aber damit auch unschädlich.

Herr von Wangenheim: Sie äußerten Bedenken, daß es doch vielleicht mit den Vorräten an Uran und damit mit der Kernenergie zu Ende ginge. Aber wir haben ja noch den Schnellbrüter in der Entwicklung, und von ihm kann man erwarten, daß er einmal sehr viel mehr Brennstoff liefert, als er verbraucht. Allerdings ist der Schnellbrüter noch nicht perfekt, aber das ist eine Sache, über die man spätestens um 1990 Gewißheit haben dürfte.

Die Ausnutzung der Außenluft wird im RWE-Haus bereits erprobt, und zwar wird Wärme, die auf die Hauswand einstrahlt, abgezogen. In all diesen Fällen ist die Wärmepumpe erforderlich. Aber man kommt bei der Sonnenwärme, vorausgesetzt, daß auf das Haus kein Schatten vom Nachbarn fällt, bestenfalls zu Brauchwasser, das heißt zu Warmwasserheizung, und vielleicht auch zur Flurheizung durch Warmwasser. Man braucht auf jeden Fall einen Reservekessel und eine Wärmepumpe. Alles zusammen ergibt eine wirksame Installation, aber, wie gesagt, nur an geeigneten Plätzen. Es werden bereits Fertighäuser mit solcher Ausstattung geliefert, bei denen sich die Kollektoren auf dem Dach befinden. Denkbar wäre der Bau von Pergolen, die Kollektoren tragen, auf Parkplätzen, sofern ein großes Gebäude daneben steht, welches die Solarwärme nutzt.

Einen Versuch in großem Stil gibt es bereits in Wiehl im Bergischen Land, wo ein Schwimmbad völlig mit Sonnenwärme und Wärmepumpe geheizt wird. Dabei befinden sich die Kollektoren auf dem Dach. Die Anlage wurde im Sommer eingeweiht. Herr Dr.-Ing. Stoy (Bernd Stoy, RWE, Essen: Zur Frage der wirtschaftlichen und umweltfreundlichen Nutzung unerschöpflicher Energiequellen, Sonnenenergie, Geothermische Energie, Massenanziehung, Energie-Verlag, Heidelberg) schätzt in seinem Buch die Ersparnis durch Nutzung der Sonnenenergie auf $2^0/_{00}$ des gesamten Primärenergieverbrauchs. Sehr viel kommt also auf diese Weise auf keinen Fall heraus, es sei denn, mit den Satelliten wird es anders.

Herr Brand: Ich möchte dem durchaus zustimmen. Wenn ich mich auch in dem gesamten Gebiet, das Herr Stoy behandelt hat, nicht insgesamt kompetent fühle, so glaube ich doch, daß diese Studie sehr gründlich angelegt ist. Es ist durchaus so, daß wir unter mitteleuropäischen Verhältnissen nur mit diesem relativ kleinen Anteil rechnen dürfen.

Es ist vielleicht noch eine Bemerkung anzufügen, die auch das Schwimmbad in Wiehl im Bergischen Land betrifft: Die Nutzungszeiten liegen bei einem Schwimmbad natürlich viel günstiger. Man braucht das warme Schwimmwasser genau dann, wenn auch die Sonne zur Verfügung steht, nämlich im Sommer, während man im Hausbetrieb bei der Heizung oder beim Badewasser eben auch im Winter Warmwasser und warme Luft haben möchte, wenn die Sonne eben nicht zur Verfügung steht. Das heißt, daß da das Speicherproblem hinzukommt.

Bei Schwimmbädern und ähnlichen Anlagen, bei denen also die Nutzungszeiten mit den Verfügbarkeitszeiten gleich sind, ist die Anwendung der Sonnenenergie im Bereich der thermalen Umwandlung sehr günstig. In dem Bereich, in dem wir Speicher benötigen, sieht es etwas problematischer aus, wenn man nicht noch ganz neue Prinzipien erfindet. Das möchte ich unterstreichen.

Herr Straub: Gibt es in der Bundesrepublik bestimmte Förderungsbereiche für Sonnenenergiefragen, und sind internationale Abkommen zur Finanzierung entsprechender Projekte geschlossen? Forschung im Weltraum betreiben, ist ja wohl ungewöhnlich teuer.

Herr Brand: Ich weiß nicht, was über die Bereiche hinaus, die ich vorhin erwähnt habe, also das Haus in Aachen von der Philips-Forschung, das Haus in Essen von RWE und anderen Firmen und das Heidelberg-Haus, gefördert wird. Ich könnte mir vorstellen, daß die Untersuchungen der AEG über Solarzellen auch gefördert sind. Ob darüber hinaus Förderungen vom Bundesministerium für Forschung und Technologie oder von anderen Förderungsinstitutionen vorliegen, ist mir zur Zeit nicht bekannt.

In den USA hat jedenfalls die Behörde ERDA (Energy Research Development Administration) sehr große Aktivitäten entwickelt, um zum Beispiel Solarzellen einsetzen zu können, wobei man natürlich an unmittelbar terrestrische Kraftwerke in Wüstengebieten denkt, die es ja in den USA gibt, natürlich aber nicht in Deutschland.

Herr von Wangenheim: In den Pyrenäen haben die Franzosen ein Sonnenkraftwerk mit einer Riesenspiegelanlage gebaut, das Wasserdampf erzeugen soll. BBC betreibt zusammen mit den Franzosen ein Projekt am Mittelmeer, eine stufenweise Anlage. Das Wasser wird auf konventionelle Weise erwärmt und fällt unter Druck in mehreren Stufen unter Sonneneinwirkung ab. Dadurch wird eine wesentliche Energieeinsparung erzielt. Das Projekt dient dem Entsalzen von Meerwasser. Der Dampf kondensiert zu chemisch reinem Wasser, das Salz wird abgetragen. Das ist wohl eines der realsten Objekte, das auch für die anderen Mittelmeerländer stark in Betracht kommt, insbesondere für die arabischen.

Thermochemische Wasserzersetzungsprozesse

Von *Karl-Friedrich Knoche*, Aachen

Wasserstoff wird unter den vielen zur Zeit diskutierten Sekundärenergieträgern eine besondere Bedeutung zugemessen. Als Brennstoff ist er nahezu ideal, da er frei von umweltbelastenden Schadstoffen vollständig zu Wasser verbrennt. Selbst die bei allen Verbrennungsvorgängen auftretende Stickoxydbildung läßt sich durch geeignete Verbrennungsführung stark reduzieren. Als Motorentreibstoff erlauben seine weiten Zündgrenzen einen guten Wirkungsgrad besonders im Teillastbereich. Als Flugtreibstoff ist sein geringes Gewicht gegenüber herkömmlichen Brennstoffen von Vorteil. Darüber hinaus besitzt er nahezu unbeschränkte Einsatzmöglichkeiten in der chemischen Industrie und der Hüttentechnik. Wasserstoff läßt sich in Rohrleitungen wirtschaftlich transportieren, er kann in oberirdischen und unterirdischen Drucktanks gelagert werden oder – was insbesondere für den mobilen Verbraucher von Bedeutung ist – in Form von Metallhydriden gespeichert werden. Selbstverständlich gibt es in der Anwendung des Wasserstoffs noch viele offene Fragen im Zusammenhang mit der Speicherung, der Sicherheit und der einzusetzenden Werkstoffe. Die Problematik der Einführung des Wasserstoffs als Sekundärenergieträger liegt aber weniger in den Anwendungsmöglichkeiten als vielmehr in der Frage der großtechnischen Erzeugung von Wasserstoff.

Die derzeitigen Herstellungsverfahren lassen sich in zwei Gruppen einteilen: solche, die mit Einsatz fossiler Brennstoffe, ausgehend z. B. von der Methan- oder Naphtaspaltung, der Kohlevergasung oder der partiellen Oxydation von Kohlenwasserstoffen, arbeiten, und solche Verfahren, die ohne Einsatz von Kohlenwasserstoffen oder Kohle auskommen, sondern als Primärenergie Prozeßwärme aus Kernreaktoren oder im Prinzip auch Solarenergie verwenden können. Zu diesen Verfahren zählen die Elektrolyse, thermochemische Prozesse, Hybridverfahren, die eine Kombination von elektrolytischen und thermochemischen Verfahren darstellen, sowie die Photolyse.

Die Prozesse der ersten Gruppe sind im Zusammenhang mit der Ammoniaksynthese, der Methanolsynthese und weiterer großtechnischer

VERFAHREN MIT EINSATZ FOSSILER BRENNSTOFFE	VERFAHREN OHNE EINSATZ FOSSILER BRENNSTOFFE
• METHAN-SPALTUNG • NAPHTA-SPALTUNG • KOHLEVERGASUNG • PARTIELLE OXYDATION VON ERDÖL	• ELEKTROLYSE • THERMOCHEMISCHE PROZESSE • HYBRID-PROZESSE • PHOTOLYSE

Abb. 1: Verfahren zur Wasserstofferzeugung

Verfahren in der chemischen Industrie wohlbekannt und erprobt. Demgegenüber sind die drei letzten Verfahren der zweiten Gruppe, nämlich die thermochemischen Prozesse, die Hybridprozesse und die Photolyse, neue Verfahren, die allenfalls im Labormaßstab experimentell untersucht wurden und über deren Verfahrenstechnik noch sehr wenig bekannt ist. Lediglich die Elektrolyse wird zur Erzeugung hochreinen Wasserstoffs schon seit langem großtechnisch eingesetzt. Langfristig sind es insbesondere die Verfahren der letzten Gruppe, die für eine künftige Energieversorgung interessant werden können.

Nach den zahlreichen, in jüngster Zeit veröffentlichten Prognosen für das zukünftige Primärenergieaufkommen[1-4] wird es, selbst bei verstärktem Kohleeinsatz, spätestens mit Beginn des nächsten Jahrtausends eine erhebliche Lücke in der Versorgung mit fossilen Brennstoffen geben, die vor allem durch die Abnahme der Erdgas- und Mineralölvorräte bedingt ist. Selbst wenn diese Lücke im Primärenergieangebot durch andere Primärenergieträger, wie z. B. die Kernenergie, abgedeckt werden kann, bedarf es noch ganz besonderer Anstrengungen, den derzeitigen Anteil von Gas und Mineralöl, der rund 66% unseres Primärenergiebedarfs ausmacht, wenigstens teilweise zu substituieren. Dies hängt wesentlich mit der Struktur des Endenergieverbrauchs zusammen, der heute zu 37% mit Heizöl, zu 19% mit Kraftstoffen, 16% mit Gas, 14% mit Kohle und Koks sowie zu 13% mit Strom abgedeckt wird,

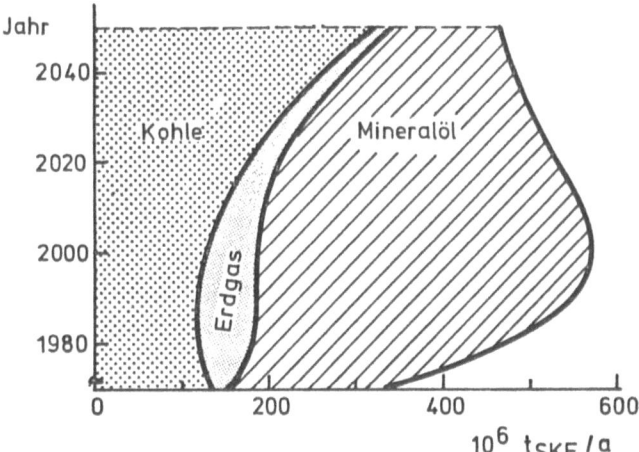

Abb. 2: Prognose des fossilen Primärenergieaufkommens[1]

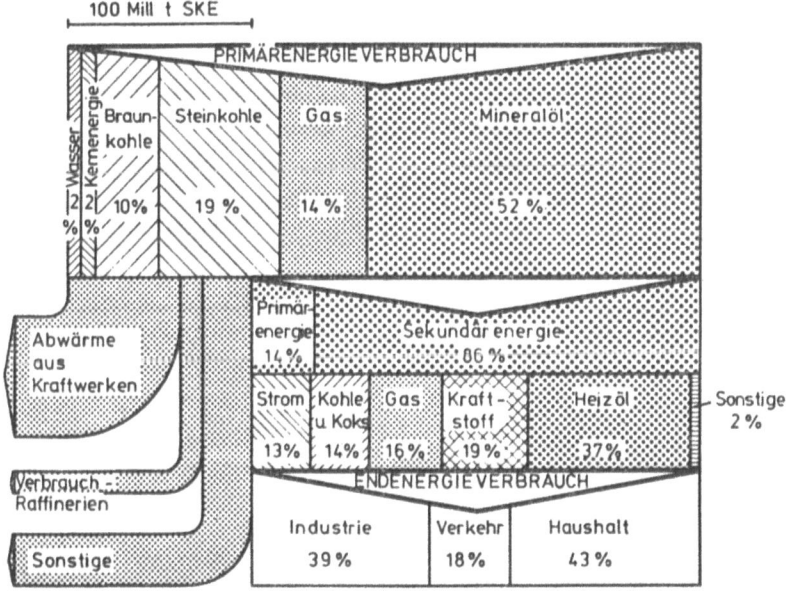

Abb. 3: Energiefluß in der Bundesrepublik (1974)[5]

Abb. 3. Wollte man z. B. etwa 20% des derzeitigen Heizölbedarfs bei konstantem Endenergieverbrauch ausschließlich durch eine erhöhte Stromerzeugung decken, so müßte die Kraftwerksleistung um mehr als 50% gesteigert werden. Zugleich würde sich diese Verschiebung in der Sekundärenergiestruktur selbst bei unverändertem Endenergiebedarf in einer Erhöhung des Primärenergieverbrauchs um etwa 10% auswirken, da die Stromerzeugung mit einer wesentlich größeren Abwärmeentwicklung verbunden ist als die Umwandlung von Mineralöl in Heizöl. Noch ungünstiger würden die Verhältnisse aussehen, wenn dieser Endenergiebedarf über elektrolytisch erzeugten Wasserstoff abgedeckt werden müßte, der nach heutigem Stand der Technik nur mit einem Gesamtwirkungsgrad von etwa 25% hergestellt werden kann. Hier liegen die Möglichkeiten der thermochemischen Wasserspaltung, von der man erhofft, daß sie mit einem wesentlich günstigeren Gesamtwirkungsgrad betrieben werden kann als die herkömmliche Elektrolyse.

Thermochemische Kreisprozesse vermeiden den Umweg über die Stromerzeugung ganz oder zumindest teilweise. Der Wasserstoff wird dabei in einer Folge von chemischen Reaktionen, sogenannten Mehrstufenverfahren, hergestellt, bei denen alle am Prozeß beteiligten Stoffe im Kreislauf geführt werden, mit Ausnahme des Wassers und seiner Zersetzungsprodukte Wasserstoff und Sauerstoff.

Der erste Vorschlag zur thermochemischen Erzeugung von Wasserstoff wurde im Jahre 1964 von Funk publiziert. Zu jener Zeit schien es völlig absurd, diese Ideen im Zusammenhang mit künftigen Energieversorgungsproblemen zu erörtern. Vielmehr ging die Fragestellung – wie bei vielen anderen Problemen – vom amerikanischen Verteidigungsministerium aus, welches die Einsatzmöglichkeiten kleiner Kernreaktoren zur lokalen Erzeugung von Kraftstoffen für Militärfahrzeuge untersucht

		Δh, 298 K kcal/mol
$2VCl_2 + 2HCl$	$\rightarrow 2VCl_3 + \boxed{H_2}$	−3.9
$4VCl_3$	$\rightarrow 2VCl_4 + 2VCl_2$	+43.5
$2VCl_4$	$\rightarrow 2VCl_3 + Cl_2$	+4.4
$\boxed{H_2O} + Cl_2$	$\rightarrow 2HCl + \boxed{1/2 O_2}$	+24.2
H_2O	$\rightarrow H_2 + 1/2 O_2$	+68.2

Abb. 4: Vanadiumprozeß, Funk, Reinstrom 1964[6]

wissen wollte. Der von Funk vorgeschlagene Prozeß – ein Vierstufenverfahren mit Vanadium-Chloriden – ist in Abb. 4 dargestellt. Im ersten Schritt wird Vanadiumdichlorid mit Chlorwasserstoff zu Vanadiumtrichlorid und Wasserstoff umgesetzt, wobei das Gleichgewicht dieser Reaktion allerdings sehr stark nach der linken Seite verlagert ist. Die beiden nächsten Schritte dienen der Chlorabspaltung, und geschlossen wird die Reaktionsfolge durch den Sauerstoff abspaltenden Schritt, der auch als umgekehrte Deacon-Reaktion bekannt ist. Als Bruttoreaktion resultiert die Spaltung des Wassers in Wasserstoff und Sauerstoff; alle übrigen Substanzen werden wieder in den Kreislauf zurückgeführt. Typisch für Prozeßfolgen dieser Art ist, daß endotherme und exotherme Prozeßschritte auftreten. Wasser kann auch direkt in seine Komponenten Wasserstoff und Sauerstoff thermisch gespalten werden, allerdings benötigt man hierzu Temperaturen von mehr als 2000 °C. Durch die Aufteilung in mehrere Stufen ist es grundsätzlich möglich, alle Einzelreaktionen unterhalb 1000 °C ablaufen zu lassen.

In der Zwischenzeit ist eine große Zahl derartiger Prozeßvorschläge veröffentlicht worden.

Abb. 5 gibt die Ergebnisse einer computergestützten Suche nach Prozeßvarianten wieder, die – geordnet nach Elementen – für einige Element-

	ELEMENT-KOMBINATIONEN			ZAHL DER REAKTIONEN	ZAHL DER MEHR-STUFENPROZESSE
1	Fe	-	Cl_2	49	361
2	Fe	-	S	47	11
3	Mn	-	S	60	69
4	Mg	-	S	16	194
5	Fe	-	C	97	-
6	Mn	-	Cl_2	36	-
7	Mn	-	C	44	-
8	Cu	-	Cl_2	26	-
9	Cu	-	S	32	-
10	Ti	-	Cl_2	41	-
	ZUSÄTZLICH JEWEILS H_2, O_2				3, 4 ODER 5 STUFEN

Abb. 5: Ergebnisse einer computergestützten Prozeßsuche[7]

kombinationen, insbesondere Eisen-Chlor, Eisen-Schwefel, Mangan-Schwefel, Magnesium-Schwefel, einige hundert Prozeßvarianten ergaben[7]. Die zweite Spalte in Abb. 5 gibt für die jeweilige Elementkombination (Spalte 1) die Zahl der chemischen Reaktionsgleichungen an, die mit Verbindungen dieser Elemente im Hinblick auf die Wasserspaltung sinnvoll gebildet werden können, Spalte 3 die Zahl der ermittelten Prozeßvorschläge. Neben dieser computergestützten Zusammenstellung gibt es noch eine sehr große Anzahl von Einzelvorschlägen, die in den letzten Jahren bekannt wurden.

In dieser Situation ist es außerordentlich wichtig, Methodiken zu entwickeln, nach denen die Zahl der Prozeßvorschläge entsprechend dem jeweiligen Entwicklungsstand in sinnvoller Weise eingeengt und reduziert werden kann. Hierzu bieten sich thermodynamische Bewertungskriterien an, die – basierend auf den Aussagen des ersten und zweiten Hauptsatzes der Thermodynamik – sowohl eine Bewertung vorgeschlagener Reaktionsfolgen als auch – bei detaillierteren Prozeßvorschlägen, bei denen bereits verfahrenstechnische Fließschemata vorliegen – eine Bewertung der einzelnen Prozeßschritte erlauben. Grundlage dieser Bewertung ist dabei der Prozeßwirkungsgrad, der definiert ist als das Verhältnis der mit dem Wasserstoff aus dem Prozeß abgeführten Energie $\Delta \dot{H}$ zur insgesamt von der Primärenergiequelle dem Prozeß zugeführten Energie $\dot{Q}_t$:

$$\eta = \frac{\Delta \dot{H}}{\dot{Q}_t}.$$

Eine obere Grenze für den erreichbaren Prozeßwirkungsgrad ist dabei der ideale Prozeßwirkungsgrad η_{id} für einen völlig reversiblen Prozeß, der lediglich von der durch die Primärenergiequelle bestimmten mittleren Prozeßtemperatur T_m abhängt:

$$\eta_{id} = \frac{T_m - T_0}{T_m} \frac{\Delta h}{\Delta h - T_0 \Delta s}$$

(T_0: Umgebungstemperatur, Δh, Δs: Enthalpie- bzw. Entropieänderung bei der Reaktion.)

Wird die Energie aus einem Hochtemperaturkernreaktor bezogen, so ergeben sich die Verhältnisse nach Abb. 6.

Hier ist im unteren Teil die Temperatur T' des aus dem Kernreaktor austretenden Heliumstromes aufgetragen; die Werte wurden zwischen 600 und 1100 °C variiert, gehen also weit über die heutigen technischen

Möglichkeiten hinaus. Als Parameter ist die Temperatur T'' desjenigen Heliumstromes eingetragen, der aus dem chemischen Prozeß in den Kernreaktor zurückgeführt wird. Hier wurde ebenfalls ein sehr breiter Bereich zwischen 200 und 700 °C gewählt. Heliumein- und -austrittstemperatur ergeben die mittlere Prozeßtemperatur

$$T_m = \frac{h'_{He} - h''_{He}}{s'_{He} - s''_{He}} = \frac{T' - T''}{\ln \frac{T'}{T''} - \frac{R}{c_p} \ln \frac{P'}{P''}},$$

welche die obere Grenze des erreichbaren Prozeßwirkungsgrades η_{id} bestimmt. Läßt man einen sehr großen Bereich der Heliumein- und austrittstemperaturen zu, so ergeben sich Grenzwerte des idealen Prozeßwirkungsgrades, die zwischen $0.7 < \eta_{id} < .9$ liegen. Für die typischen

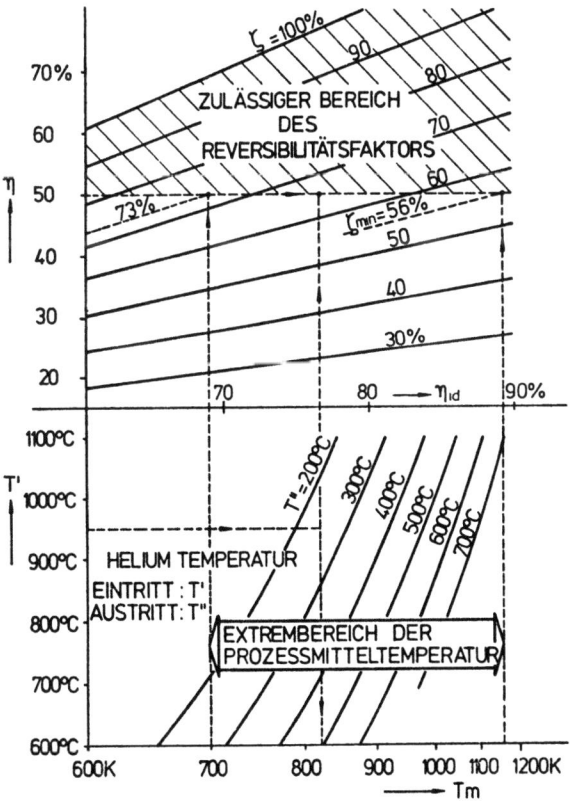

Abb. 6: Wirkungsgrad thermochemischer Wasserzersetzungsprozesse

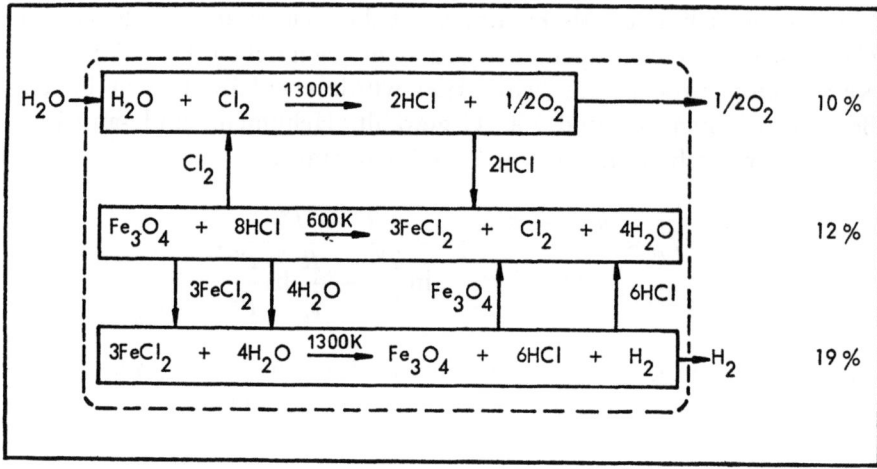

Abb. 7: Eisen-Chlor-Prozeß

Bedingungen des in Jülich konzipierten Hochtemperaturreaktors ergibt sich ein theoretischer Grenzwert von etwa 77%.

In einem wirklichen Prozeß können die angegebenen Grenzwerte nicht annähernd erreicht werden. Der Grund liegt darin, daß alle Einzelschritte irreversibel ablaufen und dadurch zu einer Verringerung des Prozeßwirkungsgrades beitragen. Ein Maß für die Irreversibilität eines Prozeßschrittes ist die sogenannte Entropieproduktion, die bei bekanntem Prozeßablauf aus den Massenströmen und den Zustandsgrößen der ein- und austretenden Stoffe sowie den Arbeits- und Wärmeumsetzungen berechnet werden kann. Überschreitet die Entropieproduktion in einem Gesamtprozeß einen tolerierbaren Grenzwert, so ist damit zwangsläufig eine Abnahme des Prozeßwirkungsgrades unter eine gewisse Schwelle verbunden. Umgekehrt ergibt sich bei Vorgabe einer unteren Schwelle für den Gesamtwirkungsgrad, z. B. etwa 50% Gesamtwirkungsgrad, ein tolerierbarer Grenzwert für die Entropieproduktion, der nicht überschritten werden darf.

In Abb. 7 ist anhand eines Prozeßvorschlages der sogenannten Eisen-Chlor-Familie die Bewertungsmethodik erläutert. Es handelt sich hier um die Bewertung von Reaktionsgleichungen eines Dreistufenprozesses, bei dem angenommen wurde, daß die Einzelschritte unter isotherm-isobaren Bedingungen ablaufen. Der erste Schritt ist der bereits besprochene umgekehrte Deacon-Prozeß, bei dem Sauerstoff aus Wasser und Chlor erzeugt wird, im zweiten Schritt wird Magnetit mit Chlorwasserstoff unter gleichzeitiger Chlorabspaltung chloriert, und schließlich wird im letzten Schritt Wasserstoff über eine Hydrolyse von Eisen(II)-chlorid erzeugt. Als Bruttogleichung ergibt sich wieder die Spaltung von Wasser in Wasserstoff und Sauerstoff. Die Zahlen auf der rechten Seite geben an, wieviel Prozent der bei einem Gesamtprozeßwirkungsgrad von 50% tolerierbaren Entropieproduktion unter den angegebenen Bedingungen in der entsprechenden Reaktion bereits aufgezehrt werden. Die Summe der Entropieproduktionen in der gesamten Reaktionsfolge beträgt unter den hier dargestellten, idealisierten Bedingungen bereits 41% des tolerierbaren Grenzwertes.

Neben der Grenze für den Prozeßwirkungsgrad ist eine weitere wichtige Beurteilungsgröße, die schon anhand der Reaktionsgleichungen bewertet werden kann, die Summe der Absolutbeträge der Reaktionsenthalpien, da sie ein Maß für die im Prozeß auszutauschenden Wärmemengen darstellt.

Abb. 8 zeigt die Ergebnisse dieser Bewertung am Beispiel für 35 Prozesse der Eisen-Chlor-Familie, die von Cremer[8] durchgeführt wurde. Als Ordinate ist das Verhältnis der Entropieproduktion der isotherm-isobaren Reaktionen zum tolerierbaren Grenzwert bei 50% Gesamtwirkungsgrad aufgetragen; als Abszisse die Summe der Absolutbeträge der Reaktionsenthalpien, für die der Brennwert (oberer Heizwert) des Wasserstoffs eine untere Grenze darstellt. Nach den genannten Kriterien sind diejenigen Prozeßvorschläge besonders vorteilhaft, die eine möglichst

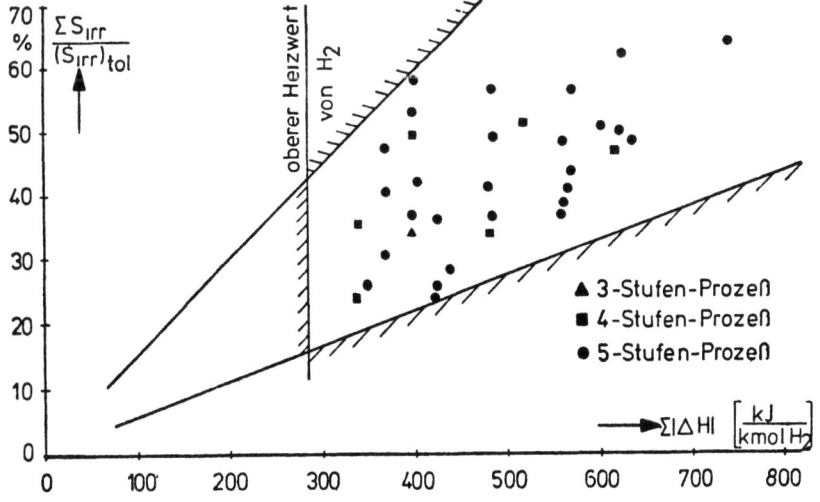

Abb. 8: Entropieproduktion und Reaktionsenthalpien für Prozeßvorschläge der Eisen-Chlor-Familie[8]

kleine Entropieproduktion und eine kleine auszutauschende Wärme aufweisen. Nach dieser Beurteilung gibt es keine besondere Präferenz von Dreistufen- oder Vierstufenprozessen im Verhältnis zu Fünfstufenprozessen, was bereits darauf hindeutet, daß noch weitere Bewertungskriterien für die Auswahl von Prozessen heranzuziehen sind. Hierzu gehören die Frage der Wärmeeinkopplung von der Primärenergiequelle, die Probleme des internen Wärmeaustauschs und der verfahrenstechnischen Auslegung des Prozesses, insbesondere im Hinblick auf die Produkttrennung*; entscheidende Punkte sind zudem noch die zu verwendenden Werkstoffe und die Umweltbelastung durch den Gesamtprozeß.

Auch in der Beurteilung bereits vorliegender konkreter Prozeßvorschläge kann die thermodynamische Bewertungsmethode sehr wertvolle Kriterien liefern und Möglichkeiten aufweisen, solche Prozeßvorschläge zu verbessern. Dies soll anhand des von der Firma Westinghouse eingehend untersuchten Schwefelsäure-Hybrid-Prozesses erläutert werden (Abb. 9). Dieser Vorschlag beinhaltet nur zwei Reaktionen; der erste Schritt ist die elektrolytische Umsetzung von Wasser mit Schwefeldioxyd zu Schwefelsäure und Wasserstoff, für die gegenüber der direkten elektrolytischen Zersetzung des Wassers wesentlich geringere Elektrolysespannungen und damit ein erheblich reduzierter Aufwand an elektri-

	298 K, 1 atm	
	ΔH, kcal/mol	ΔG, kcal/mol
$2H_2O(l) + SO_2(g) \longrightarrow H_2SO_4(l) + H_2$	13.0	20.2
$H_2SO_4(l) \longrightarrow H_2O(l) + SO_2(g) + 1/2 O_2(g)$	55.3	36.5
$H_2O(l) \longrightarrow H_2(g) + 1/2 O_2(g)$	68.3	56.7

Abb. 9: Schwefelsäure-Hybrid-Prozeß

* Unter Berücksichtigung dieser verfahrenstechnischen Kriterien ergaben erste Bilanzierungen von Prozessen der Eisen-Chlor-Familie Gesamtwirkungsgrade von etwa 10-20%; allerdings konnten diese Werte in neueren japanischen Arbeiten auf über 30% verbessert werden.

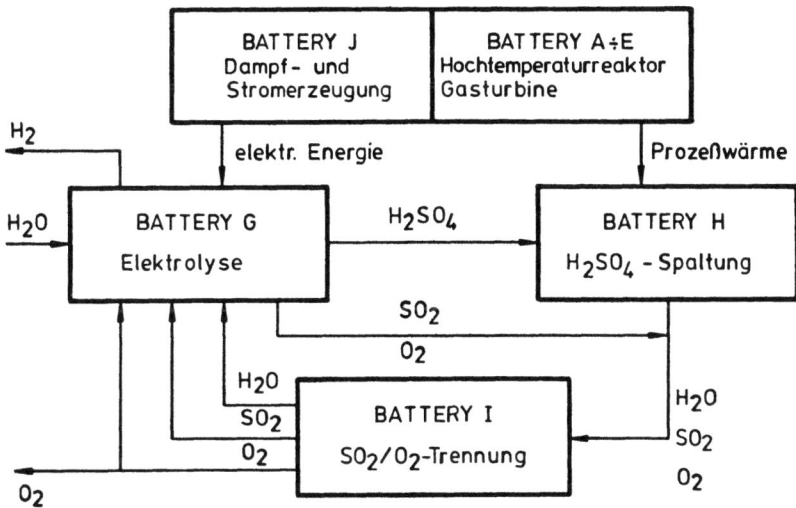

Abb. 10: Blockdiagramm des Schwefelsäure-Hybrid-Prozesses

scher Energie erwartet wird. Der zweite Schritt stellt die thermische Zersetzung der Schwefelsäure bei hohen Temperaturen dar. Der Prozeßvorschlag wurde von der Firma Westinghouse eingehend verfahrenstechnisch analysiert und in Verbindung mit United Engineers eine Wirtschaftlichkeitsstudie für diesen Prozeß erstellt[9]. Der Prozeßvorschlag geht von einem Hochtemperaturreaktor mit einer thermischen Leistung von 3345 MW aus, bei einer Heliumaustrittstemperatur von 1283 K und einer Heliumeintrittstemperatur von 700 K; der Heliumdruck wurde zu 68 bar angenommen. Die Anlage wurde ausgelegt für eine Wasserstoffproduktion von 425 000 m³$_N$/h, welche einer abgegebenen Leistung von 1511 MW entspricht. Daraus errechnet sich ein Prozeßwirkungsgrad von 45 %.

Nicht alle der dem Verfahrensschema zugrundeliegenden Annahmen konnten bisher in Laborversuchen bestätigt werden. Insbesondere ist die dem Entwurf zugrundeliegende Elektrolysespannung bisher experimentell nicht erreicht worden.

Abb. 10 zeigt in einer zusammenfassenden Darstellung die wichtigsten verfahrenstechnischen Schritte des Schwefelsäure-Hybrid-Prozesses. Die einzelnen Prozeßschritte sind in Batterien gegliedert. Batterie G stellt die Elektrolyse dar, in der Wasserstoff und Schwefelsäure erzeugt werden aus eingesetztem Wasser, rezykliertem Wasser und Schwefeldioxid. Hierzu ist elektrische Energie erforderlich, die in Batterie J, der Dampf- und Stromerzeugung, bereitgestellt wird. Zur Stromerzeugung wird ein kombinierter Gas-Dampfturbinenprozeß zugrundegelegt. Die Schwefelsäurespaltung erfolgt in Batterie H mit Prozeßwärme, die über einen Heliumzwischenkreislauf aus dem Hochtemperaturreaktor bereitgestellt wird. Die Produkte aus der Schwefelsäurespaltung müssen anschließend getrennt werden, wobei Wasser, Schwefeldioxyd wieder in die Elektrolyse zurückgeführt werden und der entsprechende Sauerstoff an die Umgebung abgegeben wird. Abb. 11 zeigt die von Westinghouse und United Engineers ermittelten direkten Kapitalkosten für die einzelnen Schritte: 273,8 Mill. Dollar für den Hochtemperaturreaktor mit Heliumzwischenkreislauf, 36,9 Mill. Dollar für die Dampf- und Stromerzeugung, 154,5 Mill. Dollar für die Elektrolyse und 112,6 Mill. Dollar für die H_2SO_4-Spaltung sowie 43,4 Mill. Dollar für die Trennstufen, insgesamt ein Aufwand von 621 Mill. Dollar an direkten Kapitalkosten, die, nach Addition der indirekten Kosten und Zinsen während der Bauzeit, zu einer Gesamtinvestition von knapp 1 Milliarde Dollar führen. Hieraus errechnen sich bei 7000 Betriebsstunden/Jahr Wasserstoffproduktionskosten von etwa 4,65 Dollar je GJ, das entspricht etwa DM 47,—/Gcal. Wendet man die eingangs beschriebene thermodynamische Bewertungsmethode auf die einzelnen Prozeßschritte an und verbindet sie mit dem Kostenanteil für die betrachtete Prozeßstufe, so ergibt sich die Darstellung nach

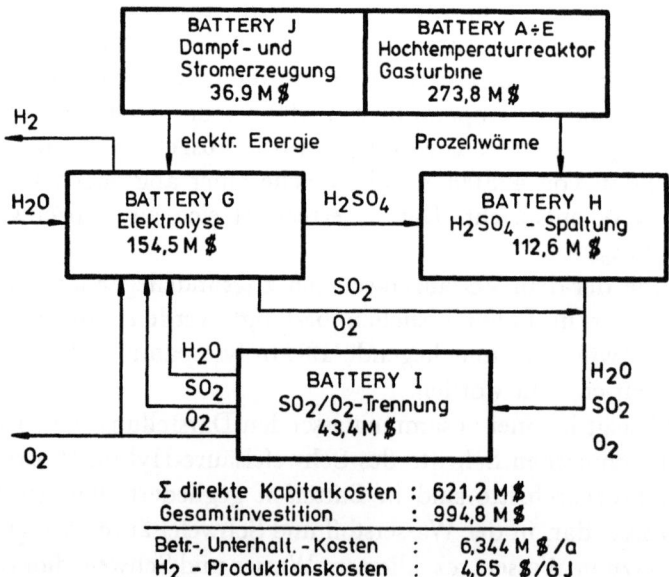

Abb. 11: Direkte Kapitalkosten (1974) und Gesamtinvestition des Schwefelsäure-Hybrid-Prozesses

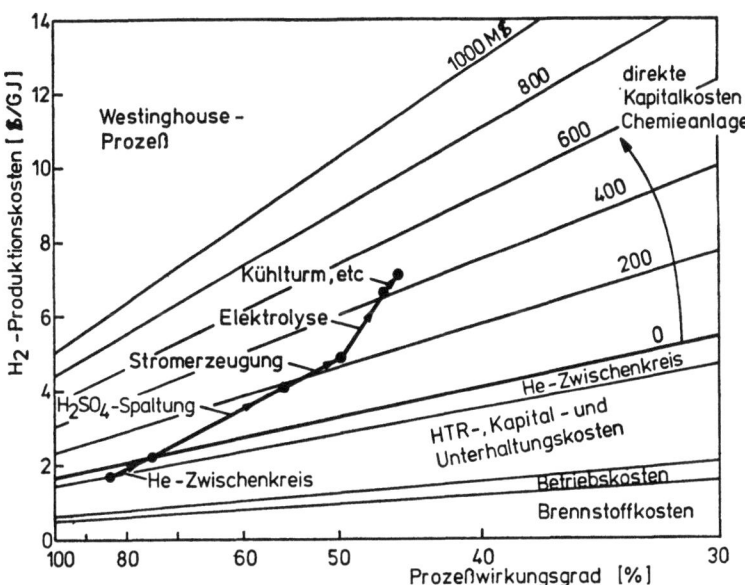

Abb. 12: Kostenanalyse des Schwefelsäure-Hybrid-Prozesses (Kosten auf 1976 umgerechnet)[10]

Abb. 12. Hier sind die Wasserstoffproduktionskosten aufgetragen als Funktion des Prozeßwirkungsgrades, wobei für den Prozeßwirkungsgrad eine reziproke Auftragung gewählt wurde. Im unteren Teil des Bildes sind die anteiligen Kosten aus dem Hochtemperaturreaktor mit Heliumzwischenkreislauf dargestellt, die sich zusammensetzen aus den reinen Brennstoffkosten, den Betriebskosten, den Kapital- und Unterhaltungskosten des Hochtemperaturreaktors und den Kosten für den Heliumzwischenkreis. In bezug auf das Endprodukt wirken sich diese Kosten umgekehrt proportional zum Prozeßwirkungsgrad aus.

Der Prozeßwirkungsgrad wird durch die Einschaltung des Heliumzwischenkreises von seinem theoretischen Grenzwert, der für die angegebenen Bedingungen etwa 82% beträgt, bereits auf etwa 75% herabgedrückt. In der H_2SO_4-Spaltung ergibt sich durch Irreversibilitäten eine weitere Reduzierung des Wirkungsgrades auf etwa 55%, verbunden mit einem zusätzlichen Investitionsaufwand von rund 190 Mill. Dollar (1976) für Spaltung und Trennung. Die nächsten Stufen zeigen die entsprechenden Zahlenwerte für die Stromerzeugung, die Elektrolyse und Restaggregate wie Kühltürme usw. Gegenüber der Darstellung nach Abb. 11 sind die Kosten auf Preise von 1976 umgerechnet, so daß sich ein höherer Wert für die H_2-Produktionskosten von 7 Dollar/GJ (etwa DM 70,—/Gcal) ergibt. Es fällt auf, daß der Prozeßschritt zur H_2SO_4-

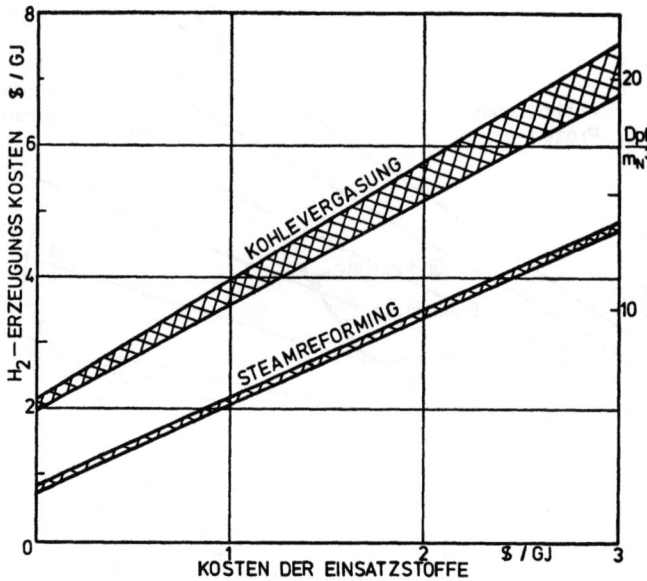

Abb. 13: Wasserstofferzeugungskosten nach herkömmlichen Verfahren[11]

Spaltung zu einer sehr drastischen Reduzierung des gesamten Prozeßwirkungsgrades führt und sicherlich noch verbesserungswürdig ist, wogegen die Elektrolyse den Prozeßwirkungsgrad nicht so stark beeinflußt, dafür aber sehr kapitalintensiv ist. Vergleicht man die Kosten des Westinghouse-Prozesses mit Wasserstofferzeugungskosten aus Steamreforming oder Kohlevergasungsverfahren, die in Abb. 13 als Funktion der Kosten der Einsatzstoffe aufgetragen sind, so läßt sich absehen, daß die Wasserstofferzeugung aus thermischen Wasserzersetzungsprozessen beträchtlich höher als die konventionellen Methoden sind, andererseits aber durchaus eine weitere Entwicklung rechtfertigen, die zur Verbesserung dieser Verfahren führt. Dabei ist zu beachten, daß bei den derzeitig vorliegenden Prozeßvorschlägen noch zahlreiche Fragen zu klären sind, die insbesondere mit der Prozeßführung, der Produkttrennung und Werkstoffproblemen zusammenhängen. Selbst bei einem so ausgefeilten Vorschlag, wie der von Westinghouse publizierte, sind die Probleme noch so groß, daß an eine technische Realisierung in naher Zukunft sicherlich noch nicht zu denken ist. Andererseits sollten die Bemühungen zur Abklärung der grundsätzlichen Fragen verstärkt werden, damit ausgereifte Konzeptionen dieser interessanten Energieumwandlungsprozesse zur Verfügung stehen, wenn die Sekundärenergieträger aus fossilen Brennstoffen zur Neige gehen.

Literatur

[1] *Brügel, P.:* Die Entwicklung des Wasserstoffmarktes in Verbindung mit der Anwendung nuklearer Hochtemperaturwärme. Vortrag zur Tagung über industrielle und technologische Bedeutung der Prozeßwärme sowie Möglichkeiten einer Substitution durch Nuklearenergie, 7. Juni 1973, Brüssel

[2] Auf dem Wege zu neuen Energiesystemen, herausgegeben vom Bundesministerium für Forschung und Technologie, Teil I, 1975

[3] Einsatzmöglichkeiten neuer Energiesysteme, Teil I: Bedarfsanalyse und Strom, herausgegeben vom Bundesministerium für Forschung und Technologie, 1975

[4] Energie für die Zukunft, herausgegeben vom Umschau-Verlag, Frankfurt, 1974

[5] Statistik der Energiewirtschaft 1975/76. Vulkan-Verlag, Essen, 1976

[6] *Funk, J. E., Reinstrom, R. M.:* System Study of Hydrogen Generation by Thermal Energie, Allison Division of General Motors, EDR 3714, vol. 11, Supplement A, 1964

[7] *Knoche, K. F., Schubert, J.:* Abschlußbericht zum Studienvertrag mit EURATOM Nr. 045/72-7 ECID (f), 1973

[8] *Cremer, H.:* Thermodynamische Bewertung und Auslegung von Kreisprozessen der Eisen/Chlor-Familie zur Wasserstoffproduktion. Habilitationsschrift RWTH Aachen, 1976

[9] *Farbman, G. H.:* Studies on the use of heat from high temperature nuclear sources for hydrogen production processes, NASA: CR-134918, NASA Lewis Research Center, Jan. 1976

[10] *Knoche, K. F., Funk, J. E.:* Eutropie – Produktion, Wirkungsgrad und Wirtschaftlichkeit der thermochemischen Erzeugung synthetischer Brennstoffe, Brennst. – Wärme – Kraft 29 (1977) Nr. 1, S. 23–27

[11] *Supp, E., Jockel, H.:* Verfahren zur Herstellung von Wasserstoff, Erdöl und Kohle 29 (1976) Nr. 3, S. 117–122

Diskussion

Herr Winterhager: Dieser Vortrag ist auch für die Hüttenleute sehr interessant, weil man natürlich fragen muß: Wohin mit dem Wasserstoff? Und: Wie ist es mit dem Sauerstoff, der ja auch anfällt? Ist bei den Kalkulationen der Sauerstoff mit Null bewertet, oder bekommt man dafür eine Gutschrift? Das ist der eine Fragenkomplex.

Die andere Frage ist: Gibt es wirklich so viele Anwendungsgebiete für den erzeugten Wasserstoff, daß man ihn auch verkaufen kann?

Herr Knoche: Zur ersten Frage: Für die Sauerstofferzeugung ist beim Westinghouse-Prozeß keine Gutschrift eingesetzt worden, weil man sich sagte: Wenn man sehr große Mengen Wasserstoff erzeugt, dann wird man den Sauerstoff, der heute bestimmt noch attraktiv ist, in diesen Mengen nicht mehr absetzen können.

Der Wasserstoffabsatz ist natürlich eine Frage des Preises. Wenn man den Wasserstoff so billig herstellen kann, daß er mit herkömmlichen Energieträgern in Konkurrenz tritt, dann finden sich auch die Anwendungsgebiete. Allerdings sind wir zur Zeit von einem attraktiven Preis noch weit entfernt.

Herr Engell: Sie haben mit der elektrolytischen Herstellung des Wasserstoffs verglichen. Welchen Wirkungsgrad haben Sie dort zugrunde gelegt?

Herr Knoche: Ich sagte, daß man nach den derzeitigen Verfahren für die direkte Wasserelektrolyse einen Gesamtwirkungsgrad von etwa 25% ansetzen muß. Der Gesamtwirkungsgrad errechnet sich so, daß man für die Stromerzeugung sicherlich von einem realistischen Wert von etwa 33% auszugehen hat, weil man unter diesen Aspekten nicht den Wirkungsgrad von fossil beheizten Kraftwerken zugrunde legen kann, sondern die Stromerzeugung aus Kernkraftwerken in Rechnung setzen muß. Dazu kommt nach dem derzeitigen Stand der Technik ein Elektrolysewirkungsgrad von rund 75%, und daraus resultiert ein Gesamtwirkungsgrad von 25%. Ich muß natürlich dazu sagen, daß man sich auch in der Entwicklung der Elektrolyse eine erhebliche Verbesserung dieses Gesamtwirkungsgrades verspricht. Wenn Sie amerikanische Arbeiten lesen, dann finden Sie Gesamtwirkungsgrade von etwa 42% für die direkte Wasserelektrolyse angegeben. Die Zahlen errechnen sich so, daß man etwa 50% Stromerzeugungswirkungsgrad unterstellt und die Elektrolyse mit weit über 80% Wirkungsgrad betreibt. Allerdings scheinen mir diese Angaben – insbesondere was die Stromerzeugungswirkungsgrade angeht – sehr optimistisch.

Es steckt natürlich noch einiges Potential in der Entwicklung von Elektrolysezellen, vor allem hinsichtlich der Investitionskosten. Bei General Electric z. B. sind einige Verfahren in der Entwicklung, die, glaube ich, recht vielversprechend sind.

Herr Schneider: Wie erfolgt die Rückkopplung der vorläufigen Ergebnisse über die Wirtschaftlichkeit solcher Gesamtprozesse in die Planung und Durchführung der technischen Forschung? Das würde mich interessieren; denn oft ist es ja so, daß die Techniker ihre Entwicklungsideen nach technischen Kriterien verfolgen, und das Endergebnis genügt dann nicht selten nicht den ökonomischen Bedingungen, unter denen es sich in der Praxis später zu bewähren hat.

Herr Knoche: Um Ihre Frage richtig zu beantworten, sollte ich den derzeitigen Stand noch einmal ganz klar herausstellen. Wir befinden uns im Augenblick hinsichtlich der thermochemischen Wasserstofferzeugung in einer Entwicklungsphase, in der man noch keine Auslegung einer technischen oder halbtechnischen Anlage betreibt, sondern im Labor experimentiert. Diese Laborexperimente werden durch die Wirtschaftlichkeitsberechnungen in der Weise beeinflußt, daß man sich überlegt, wie man sie besser machen kann: ob es zum Beispiel möglich ist, chemische Schritte mit Stofftrennverfahren zu integrieren. Da gibt es eine ganze Reihe von Möglichkeiten, z. B. durch Variation von Temperatur, Druck, etc. oder zum Beispiel durch Aufspaltung von einzelnen chemischen Schritten in mehrere Teilschritte mit dem Ziel, die Trennverfahren günstiger ablaufen zu lassen.

Herr Schneider: Manches, was sich technisch als eine große Verbesserung darstellt, etwa im Wirkungsgrad, ist ökonomisch von geringer Bedeutung und umgekehrt.

Herr Knoche: Eine Wirtschaftlichkeitsanalyse in der Form, daß sie ökonomisch einigermaßen glaubhaft ist, sollte natürlich von einer Industriefirma gemacht werden, die darüber Erfahrung hat, und das ist z. B. bei Westinghouse geschehen. Es gibt nur eine Parallelstudie, die in gleicher Richtung gelaufen ist, und zwar von der Firma Lummus über einen von Schulten und Behr vorgeschlagenen Prozeß. Eine solche, von einer Industriefirma durchgeführte Untersuchung kostet in der Regel etwas mehr Geld als Laborexperimente in einem Hochschulinstitut. Man muß auch in der Finanzierung derartiger Forschungsarbeiten verschiedene Stadien durchlaufen. Wir sind zur Zeit wesentlich in der Phase, daß die Rückkopplung aus der Prozeßführung die Laborexperimente beeinflußt und umgekehrt.

Herr Fettweis: Man darf diese Dinge, wenn man von den ökonomischen Aspekten spricht, natürlich nicht nur aus der heutigen Sicht sehen, sondern muß vor allem an die Zukunft denken. Wenn die Mineralöle in einigen Jahrzehnten nicht mehr verfügbar sind, wird man zum Beispiel für die Autos andere Treibstoffe brauchen, und dann sind doch wohl Wasserstoff oder irgendwelche Produkte, die vom Wasserstoff hergeleitet erzeugt worden sind, die einzige Alternative, die wir zur Zeit haben. Dann sehen die ökonomischen Aspekte ja völlig anders aus, als das gegenwärtig der Fall ist.

Herr Krelle: Können Sie etwa schätzen, von welcher Preissteigerung für Rohöl ab zum Beispiel Ihr bester thermochemischer Kreisprozeß rentabel wird? Irgendwann wird ja jedes Verfahren einmal, wenn es technisch durchführbar ist, rentabel. Dazu muß das Substitutionsprodukt nur teuer genug werden. Nun wäre es ganz interessant, die von Ihnen genannten Verfahren einmal nach der Kostenhöhe aufzureihen und sie als Funktion des Preises des Hauptsubstitutionsproduktes Erdöl zu betrachten. Haben Sie darüber eine Vorstellung?

Herr Knoche: Auf dem letzten Bild waren die Wasserstofferzeugungspreise aus Kohlevergasung und Steam-Reforming in Abhängigkeit von den Preisen der Einsatzstoffe gezeigt. Im Vergleich hierzu ist der thermochemische Prozeß, grob gesagt, noch knapp doppelt so teuer. Dabei ist allerdings unterstellt, daß die der Wirtschaftlichkeitsstudie von Westinghouse zugrundeliegenden Daten in Wirklichkeit auch erreicht werden können.

Herr Quick: Sie erwähnten vorhin, daß in amerikanischen Studien bei der Umwandlung fossiler Brennstoffe Wirkungsgrade von 50% in den Kraftwerken zugrunde gelegt sind. Das ist gegenüber den heute üblichen Werten wohl um zehn Prozentpunkte zu hoch. Die Ursache für diesen hohen Ansatz liegt, so glaube ich, darin, daß die Amerikaner sehr viel Hoffnung in den Prozeß der magnetohydrodynamischen Umwandlung setzen, die dem normalen Prozeß vorgeschaltet wird.

Herr Knoche: Das ist richtig. Es wird am magnetohydrodynamischen Prozeß gearbeitet, und es gehen in den USA wieder erhebliche Gelder in die Erforschung gerade dieses Prozesses. Noch größere Aktivitäten auf dem Gebiet der Magnetohydrodynamik gibt es in der Sowjetunion. Aber ich glaube, man sollte auch da die Schwierigkeiten nicht unterschätzen, die in den Werkstoff-Fragen zu suchen sind, aber auch in dem Problem der Saatstoffzugabe zur Erhöhung der Leitfähigkeit. Alle diese Probleme sind noch nicht bis zum letzten geklärt.

Herr Eichhorn: Sie waren sehr optimistisch in bezug auf die mögliche Steigerung des Wirkungsgrades bei diesen Prozessen. Gibt es schon ganz konkrete Zielvorstellungen, diesen Wirkungsgrad zu verbessern? Diese Frage ist zum Teil schon vorweg beantwortet worden. Gibt es aber noch andere Vorstellungen, den Wirkungsgrad zu erhöhen? Sie haben gesagt, daß auch die Japaner sehr optimistisch waren, bei ihrem Prozeß die 30% noch weiter zu steigern.

Herr Knoche: Hinsichtlich der Steigerung der Prozeßwirkungsgrade glaube ich, daß noch sehr viel durch bessere Verfahrensführung erreicht werden kann, z. B. durch geeignetere Trennverfahren oder günstigeren internen Wärmeaustausch. Eine eingehendere Erörterung des Westinghouse-Prozesses aufgrund der thermodynamischen Bewertungsanalyse ergab z. B. eine Reduktion der Prozeßwärme um 450 Megawatt durch eine andere Prozeßführung, die gar nicht unbedingt einen erhöhten Investitionsaufwand zur Folge haben muß. Durch Variation der Verfahrensführung läßt sich somit noch sehr viel erreichen, und ich glaube, daß gerade die thermodynamische Bewertung der Einzelschritte einen Weg weist, wie man vorzugehen hat.

Herr Engell: Sie haben Ihre Verfahrensvorschläge mit verschiedenen Möglichkeiten der Nutzung von thermischer Energie oder von Energie aus Atomreaktoren verglichen. Ich habe hierbei den Vergleich vermißt mit der Einkopplung von thermischer Energie aus Hochtemperaturreaktoren in chemische Reaktionen, insbesondere zur Aufwertung von fossilen Brennstoffen. Man kann ja – und das tut man heute auch – fossile Brennstoffe aufwerten, also zum Beispiel unter Nutzung der Wärme von Hochtemperaturreaktoren aus Steinkohle mit Wasserdampf ein hochwertiges Gas machen. Hier erreicht man natürlich auch einen Wirkungsgrad, der sehr interessant ist, und diese Prozesse sind auch schon vergleichsweise weit entwickelt. Natürlich ist das alles nur so lange interessant, wie man wenigstens noch über Steinkohle verfügt. Insoweit ist das keine Endlösung, aber für die Zwischenzeit doch wohl ein sehr interessanter Prozeßvorschlag, der heutzutage durchaus noch den Vergleich mit Ihren Prozessen verdient.

Herr Knoche: Was ich heute behandelt habe, war eigentlich eine Projektion in noch fernere Zukunft. Selbstverständlich sind die Verfahren der Kohlevergasung mit nuklearer Prozeßwärme, die Sie andeuteten, oder der Fernwärmetransport in einem viel weiteren Entwicklungsstadium und in Pilotanlagen realisiert bei der Firma Rheinbraun in Köln, der Bergbauforschung in Essen und der Kernforschungsanlage in Jülich. Interessant – vielleicht darf ich das noch anfügen – sind auch die Kopplungsmöglichkeiten von Vergasungsverfahren mit thermochemischen Verfahren. Wenn man einmal in thermochemischen Verfahren Wasserstoff und Sauerstoff erzeugen kann, dann läßt sich der Sauerstoff zum Beispiel in Druckvergasungsverfahren einsetzen, und auch der Wasserstoff kann im Vergasungsprozeß verwendet werden. Zudem ergeben sich noch eine ganze Reihe von Möglichkeiten der Wärmekopplung, die mit zusätzlicher Energieeinsparung verbunden sind.

Herr Groth: Die Reaktorphysiker geben sich große Mühe, die Temperatur der Hochtemperaturreaktoren mehr und mehr zu steigern. Hat eine Temperatursteigerung nach Ihrem Urteil einen wesentlichen Einfluß auf die Rentabilität?

Herr Knoche: Zweifellos hat die Temperatur einen Einfluß: Je höher die maximale Prozeßtemperatur ist, um so höher sind die theoretischen Grenzwerte des Wirkungsgrades. Aber es ist nicht so, daß man bei den letzten 50 Grad im Bereich von 950 oder 1000 Grad ganz außerordentliche Steigerungen des theoretischen Grenzwertes des Wirkungsgrades oder des praktischen Wirkungsgrades erreichen könnte. Die technologischen Schwierigkeiten, die man sich mit einer wesentlichen Steigerung der Prozeßtemperatur einhandelt, sind meines Erachtens viel, viel größer, als der Gewinn in der Energieausnutzung rechtfertigen würde. Die 950 Grad, die zur Zeit im AVR in Jülich erreicht sind, können schon als ein gewisses Optimum angesehen werden.

Herr Engell: Bei dieser Frage darf ich noch einmal einhaken. Das Temperaturniveau ist natürlich für solche Vorgänge wie Kohlevergasung von Interesse; denn die Durchsatzmenge, die Leistung eines Reaktors oder die Verweilzeit des Reaktionsgutes im Reaktor ist sehr stark abhängig von der Temperatur, die erreicht wird. Allerdings ist unbezweifelbar, daß die Werkstoffanforderungen ganz enorm in die Höhe gehen, wenn höhere Temperaturen erreicht werden sollen. Das gilt nicht nur für den Reaktor selber, sondern auch für die nachgeschalteten Reaktionsaggregate.

Veröffentlichungen
der Arbeitsgemeinschaft für Forschung des Landes Nordrhein-Westfalen jetzt der Rheinisch-Westfälischen Akademie der Wissenschaften

Neuerscheinungen 1973 bis 1977

Vorträge N Heft Nr. — NATUR-, INGENIEUR- UND WIRTSCHAFTSWISSENSCHAFTEN

Heft Nr.	Autor	Titel
224	Karl Steimel, Frankfurt/M.	Spurgeführter Schnellverkehr – Schnellverkehr auf der Grundlage des Rad-Schiene-Systems
	Herbert Weh, Braunschweig	Berührungsfreie Fahrtechnik für Schnellbahnen
225	Hans-Jürgen Engell, Düsseldorf	Sonderfälle der Korrosion der Metalle
	Winfried Dahl, Aachen	Die mechanischen Eigenschaften der Stähle – wissenschaftliche Grundlagen und Forderungen der Praxis
226	Wilhelm Dettmering, Essen	Entwicklungsschritte zur Überschallverdichterstufe
	Friedrich Eichhorn, Aachen	Verfahrenstechnische Entwicklung der Schweißtechnik und ihre Bedeutung für die industrielle Fertigung
227	Pierre Jollès, Paris	From Lysozymes to Chitinases: Structural, Kinetic and Crystallographic Studies
	Hugo W. Knipping, Köln	Tuberkulosebekämpfung in Tropenländern
228	Emanuel Vogel, Köln	Hückel-Aromaten
229	Gaston Dupouy, Toulouse	Microscopie électronique sous haute tension
	Jacques Labeyrie, Gif-sur-Yvette	L'astronomie des hautes énergies
230	André Lichnerowicz, Paris	Mathématique, Structuralisme et Transdisciplinarité
231	Donato Palumbo, Brüssel	Die Thermonukleare Fusion – ihre Aussichten, Probleme und Fortschritte – innerhalb der Europäischen Gemeinschaft
232	Oswald Kubaschewski, Teddington (England)	Praktische Anwendung der metallchemischen Thermodynamik
	Bruno Predel, Münster	Thermodynamik und Aufbau von Legierungen – einige neuere Aspekte
233	Klaus Wagener, Jülich	Entwicklung der irdischen Atmosphäre durch die Evolution der Biosphäre
234	Eduard Mückenhausen, Bonn	Die Produktionskapazität der Böden der Erde
	Hermann Flohn, Bonn	Globale Energiebilanz und Klimaschwankungen
235	Bernhard Sann, Aachen	Die Senkung der Maschinenleistung bei Steigerung der Gewinnungsleistung und die Einsteuerung von Maschinen für die schälende Gewinnung von Steinkohle
	Lothar Freytag, Westfalia Lünen	Möglichkeiten der Verwirklichung von Forschungs- und Versuchsergebnissen in der Konstruktion von Maschinen für die schälende Kohlengewinnung
236	Werner Reichardt, Tübingen	Verhaltensstudie der musterinduzierten Flugorientierung an der Fliege Musca domestica
	Werner Nachtigall, Saarbrücken	Biophysik des Tierflugs
237	Henry C. J. H. Gelissen, Wassenaar (Niederlande)	Maßnahmen zur Förderung der regionalen Wirtschaft, gesehen im Blickfeld der EWG
	Horst Albach, Bonn	Kosten- und Ertragsanalyse der beruflichen Bildung
238	Victor Potter Bond, Upton (USA)	The Impact of Nuclear Power on the Public: The American Experience
239	Hennig Stieve, Jülich	Mechanismen der Erregung von Lichtsinneszellen
240	Edmund Hlawka, Wien	Mathematische Modelle der kinetischen Gastheorie
241	Werner Buckel, Karlsruhe	Aktuelle Probleme der Supraleitung
	Werner Schilling, Jülich	Zwischengitteratome in Metallen
242	Reimar Lüst, München	Plasma-Experimente im Weltraum
243	Giuseppe Montalenti, Rome	Recent advances in the understanding of some selective mechanisms in man
	G. H. Ralph von Koenigswald, Frankfurt/M.	Entwicklungstendenzen der frühen Hominiden
244	Volker Aschoff, Aachen	Aus der Geschichte der Nachrichtentechnik

245	Lucien Coche, Paris	Angewandte Forschung für die Stahlerzeugung in den Unternehmen, auf nationaler Ebene und in der Europäischen Gemeinschaft
	Ludwig von Bogdandy, Duisburg	Wechselwirkungen zwischen physikalisch-chemischer Grundlagenforschung, theoretischer Metallurgie und großindustrieller Stahlerzeugung
246	Theodor Wieland, Heidelberg	Cyclische Peptide als Werkzeuge der molekularbiologischen Forschung
	Karl-Dietrich Gundermann, Clausthal-Zellerfeld	Grundlagen und Anwendungsmöglichkeiten von Chemilumineszenz, der Umwandlung von chemischer Energie in Licht
247	Martin J. Beckmann, München und Providence, R. I.	Wirtschaftliches Wachstum bei erschöpfbaren Ressourcen
	Peter Schönfeld, Bonn	Neuere Beiträge zur statistischen Behandlung autoregressiver Regressionsmodelle
248	Hermann Haken, Stuttgart	Quantenoptik, Laser, nichtlineare Optik
249	Werner Hauss, Münster	Über Erkrankungen des Herzens und der Gefäße im Alter, insbesondere über den Herzinfarkt und seine Behandlung
	Wolfgang Lutzeyer, Aachen	Die Behandlung des Blasensteins
250	Helmut Holzer, Freiburg/Br.	Regulation der Lebensvorgänge auf Enzymebene
251	Hans Ebner, Aachen	Grundlagen zum Entwurf von Plattformen und Behältern für die Meerestechnik
	Helmut Domke, Aachen	Probleme bei der Verwendung von Kunststoffen für tragende Konstruktionen
252	Walter Ameling, Aachen	Technische Aspekte der Informatik
	Walter L. Engl, Aachen	Prognosekriterien für technologische Entwicklungen der Elektronikindustrie
253	Kurt Hamdorf, Bochum	Primärprozesse beim Sehen der Wirbellosen
	Dietrich von Holst, München	Sozialer Streß bei Tier und Mensch
254	Hans Kuhn, Göttingen	Evolution selbstorganisierender chemischer Systeme
	Günther Wilke, Mülheim a. d. Ruhr	Zur Leistungsfähigkeit homogener Übergangsmetall-Katalysatoren
255	Erich Potthoff, Düsseldorf	Grundriß einer speziellen Betriebswirtschaftslehre der Hochschule
	Wilhelm Krelle, Bonn	Wirtschaftliche Auswirkungen der Ausweitung des Bildungssystems in der Bundesrepublik Deutschland
256	Joachim Kowalewski, Aachen	Neuere Erkenntnisse über Schwingungen von Bauwerken im Wind
	Oskar Pawelski, Düsseldorf	Wege und Grenzen der Plastomechanik bei der Anwendung in der Umformtechnik
257	Joseph Straub, Köln	Fortschritte in der Kultur von Pflanzenzellen – neue Züchtungsmethoden
	Meinhart H. Zenk, Bochum	Das physiologische Potential pflanzlicher Zellkulturen
258	Hans Cottier, Bern	Die Lebensgeschichte der Lymphozyten und ihre Funktionen
	Sven Effert, Aachen	Über einige neuere Möglichkeiten der Herzdiagnostik
259	Dietrich Welte, Aachen	Anwendung der organischen Geochemie für die Erdölexploration
	Werner Schreyer, Bochum	Hochdruckforschung in der modernen Gesteinskunde
260	Ilya Prigogine, Brüssel	L'Ordre par Fluctuations et le Système Social
	Josef Meixner, Aachen	Entropie einst und jetzt
261	Horst E. Müser, Saarbrücken	Grundlagen und Anwendungen der Ferroelektrizität
	Heinz Bittel, Münster	Das Rauschen, ein ebenso interessantes wie störendes Phänomen
262	Ekkehard Grundmann, Münster	Vorstadien des Krebses
	Norbert Hilschmann, Göttingen	Das Antikörperproblem, ein Modell für das Verständnis der Zelldifferenzierung auf molekularer Ebene
263	Hans K. Schneider, Köln	Die Zukunft unserer Energiebasis als ökonomisches Problem
	Hans Frewer, Erlangen	Wandel der Energietechnik durch Einsatz neuer Energieträger
264	Wolfgang Pitsch, Düsseldorf	Thermodynamik der Eisenmischkristalle
	Bernhard Ilschner, Erlangen	Innere Regelkreise bei der Hochtemperatur-Verformung kristalliner Festkörper
267	Hans Brand, Erlangen	Möglichkeiten und Grenzen einer technischen Nutzung der Sonnenenergie
	Karl-Friedrich Knoche, Aachen	Thermochemische Wasserzersetzungsprozesse

ABHANDLUNGEN

Band Nr.		
27	*Ahasver von Brandt, Heidelberg, Paul Johansen, Hamburg, Hans van Werveke, Gent, Kjell Kumlien, Stockholm, Hermann Kellenbenz, Köln*	Die Deutsche Hanse als Mittler zwischen Ost und West
28	*Hermann Conrad †, Gerd Kleinheyer, Thea Buyken und Martin Herold, Bonn*	Recht und Verfassung des Reiches in der Zeit Maria Theresias. Die Vorträge zum Unterricht des Erzherzogs Joseph im Natur- und Völkerrecht sowie im Deutschen Staats- und Lehnrecht
29	*Erich Dinkler, Heidelberg*	Das Apsismosaik von S. Apollinare in Classe
30	*Walther Hubatsch, Bonn, Bernhard Stasiewski, Bonn, Reinhard Wittram †, Göttingen, Ludwig Petry, Mainz, und Erich Keyser, Marburg (Lahn)*	Deutsche Universitäten und Hochschulen im Osten
31	*Anton Moortgat, Berlin*	Tell Chuēra in Nordost-Syrien. Bericht über die vierte Grabungskampagne 1963
32	*Albrecht Dihle, Köln*	Umstrittene Daten. Untersuchungen zum Auftreten der Griechen am Roten Meer
33	*Heinrich Behnke und Klaus Kopfermann (Hrsg.), Münster*	Festschrift zur Gedächtnisfeier für Karl Weierstraß 1815–1965
34	*Joh. Leo Weisgerber, Bonn*	Die Namen der Ubier
35	*Otto Sandrock, Bonn*	Zur ergänzenden Vertragsauslegung im materiellen und internationalen Schuldvertragsrecht. Methodologische Untersuchungen zur Rechtsquellenlehre im Schuldvertragsrecht
36	*Iselin Gundermann, Bonn*	Untersuchungen zum Gebetbüchlein der Herzogin Dorothea von Preußen
37	*Ulrich Eisenhardt, Bonn*	Die weltliche Gerichtsbarkeit der Offizialate in Köln, Bonn und Werl im 18. Jahrhundert
38	*Max Braubach †, Bonn*	Bonner Professoren und Studenten in den Revolutionsjahren 1848/49
39	*Henning Bock (Bearb.), Berlin*	Adolf von Hildebrand Gesammelte Schriften zur Kunst
40	*Geo Widengren, Uppsala*	Der Feudalismus im alten Iran
41	*Albrecht Dihle, Köln*	Homer-Probleme
42	*Frank Reuter, Erlangen*	Funkmeß. Die Entwicklung und der Einsatz des RADAR-Verfahrens in Deutschland bis zum Ende des Zweiten Weltkrieges
43	*Otto Eißfeldt †, Halle, und Karl Heinrich Rengstorf (Hrsg.), Münster*	Briefwechsel zwischen Franz Delitzsch und Wolf Wilhelm Graf Baudissin 1866–1890
44	*Reiner Haussherr, Bonn*	Michelangelos Kruzifixus für Vittoria Colonna. Bemerkungen zu Ikonographie und theologischer Deutung
45	*Gerd Kleinheyer, Regensburg*	Zur Rechtsgestalt von Akkusationsprozeß und peinlicher Frage im frühen 17. Jahrhundert. Ein Regensburger Anklageprozeß vor dem Reichshofrat. Anhang: Der Statt Regenspurg Peinliche Gerichtsordnung
46	*Heinrich Lausberg, Münster*	Das Sonett *Les Grenades* von Paul Valéry
47	*Jochen Schröder, Bonn*	Internationale Zuständigkeit. Entwurf eines Systems von Zuständigkeitsinteressen im zwischenstaatlichen Privatverfahrensrecht aufgrund rechtshistorischer, rechtsvergleichender und rechtspolitischer Betrachtungen
48	*Günther Stökl, Köln*	Testament und Siegel Ivans IV.
49	*Michael Weiers, Bonn*	Die Sprache der Moghol der Provinz Herat in Afghanistan
50	*Walther Heissig (Hrsg.), Bonn*	Schriftliche Quellen in Mog̊olī. 1. Teil: Texte in Faksimile
51	*Thea Buyken, Köln*	Die Constitutionen von Melfi und das Jus Francorum
52	*Jörg-Ulrich Fechner, Bochum*	Erfahrene und erfundene Landschaft. Aurelio de'Giorgi Bertòlas Deutschlandbild und die Begründung der Rheinromantik

53	Johann Schwartzkopff (Red.), Bochum	Symposium ‚Mechanoreception'
54	Richard Glasser, Neustadt a. d. Weinstr.	Über den Begriff des Oberflächlichen in der Romania
55	Elmar Edel, Bonn	Die Felsgräbernekropole der Qubbet el Hawa bei Assuan. II. Abteilung. Die althieratischen Topfaufschriften aus den Grabungsjahren 1972 und 1973
56	Harald von Petrikovits, Bonn	Die Innenbauten römischer Legionslager während der Prinzipatszeit
57	Harm P. Westermann u. a., Bielefeld	Einstufige Juristenausbildung. Kolloquium über die Entwicklung und Erprobung des Modells im Land Nordrhein-Westfalen
58	Herbert Hesmer, Bonn	Leben und Werk von Dietrich Brandis (1824–1907) – Begründer der tropischen Forstwirtschaft. Förderer der forstlichen Entwicklung in den USA. Botaniker und Ökologe
59	Michael Weiers, Bonn	Schriftliche Quellen in Moġolī, 2. Teil: Bearbeitung der Texte
60	Reiner Haussherr, Bonn	Rembrandts Jacobssegen Überlegungen zur Deutung des Gemäldes in der Kasseler Galerie
61	Heinrich Lausberg, Münster	Der Hymnus ›Ave maris stella‹

Sonderreihe
PAPYROLOGICA COLONIENSIA

Vol. I Aloys Kehl, Köln	Der Psalmenkommentar von Tura, Quaternio IX (Pap. Colon. Theol. 1)
Vol. II Erich Lüddeckens, Würzburg, P. Angelicus Kropp O. P., Klausen, Alfred Hermann † und Manfred Weber, Köln	Demotische und Koptische Texte
Vol. III Stephanie West, Oxford	The Ptolemaic Papyri of Homer
Vol. IV Ursula Hagedorn und Dieter Hagedorn, Köln, Louise C. Youtie und Herbert C. Youtie, Ann Arbor	Das Archiv des Petaus (P. Petaus)
Vol. V Angelo Geißen, Köln	Katalog Alexandrinischer Kaisermünzen der Sammlung des Instituts für Altertumskunde der Universität zu Köln Band I: Augustus-Trajan (Nr. 1–740)
Vol. VI J. David Thomas, Durham	The epistrategos in Ptolemaic and Roman Egypt. Part 1: The Ptolemaic epistrategos
Vol. VII Bärbel Kramer und Robert Hübner (Bearb.), Köln	Kölner Papyri (P. Köln) Band 1

SONDERVERÖFFENTLICHUNGEN

Der Minister für Wissenschaft und Forschung des Landes Nordrhein-Westfalen	Jahrbuch 1963, 1964, 1965, 1966, 1967, 1968, 1969, 1970 und 1971/72 des Landesamtes für Forschung

Verzeichnisse sämtlicher Veröffentlichungen der Arbeitsgemeinschaft für Forschung des Landes Nordrhein-Westfalen, jetzt: Rheinisch-Westfälische Akademie der Wissenschaften, können beim Westdeutschen Verlag GmbH, Postfach 300 620, 5090 Leverkusen 3 (Opladen), angefordert werden.

If you have any concerns about our products,
you can contact us on
ProductSafety@springernature.com

In case Publisher is established outside the EU,
the EU authorized representative is:
**Springer Nature Customer Service Center GmbH
Europaplatz 3, 69115 Heidelberg, Germany**

Printed by Libri Plureos GmbH
in Hamburg, Germany